普通高等教育“十四五”规划教材
南京工业大学重点教材基金资助

海洋酶工程实验教程

朱本伟　宁利敏　江　凌　编著

中国石化出版社

内 容 提 要

本书作为《海洋酶工程》课程的配套实验教材，针对《海洋酶工程》课程中所涉及的相关实验如产酶微生物的筛选、鉴定、酶基因克隆、异源表达和纯化、酶的固定化、酶分子的改造等实验内容进行顺序编排，选取了各个知识点的经典实验进行编写。

本书可作为海洋资源开发技术专业的本科生或者研究生教材，也可供海洋生物学、海洋微生物、食品酶学与酶工程等专业技术人员参考。

图书在版编目(CIP)数据

海洋酶工程实验教程 / 朱本伟，宁利敏，江凌编著.
—北京 ：中国石化出版社，2023.1
普通高等教育“十四五”规划教材
ISBN 978-7-5114-6947-2

Ⅰ.①海… Ⅱ.①朱…②宁…③江… Ⅲ.①酶工程-实验-高等学校-教材Ⅳ.①Q814-33

中国版本图书馆 CIP 数据核字(2022)第 252391 号

中国石化出版社出版发行
地址：北京市东城区安定门外大街 58 号
邮编：100011　电话：(010)57512500
发行部电话：(010)57512575
http://www.sinopec-press.com
E-mail：press@sinopec.com
北京力信诚印刷有限公司印刷
全国各地新华书店经销
*
787×1092 毫米 16 开本 10.25 印张 249 千字
2023 年 3 月第 1 版　2023 年 3 月第 1 次印刷
定价：32.00 元

本书编写人员

主　　　编　朱本伟　宁利敏　江　凌

参与编写人员　朱本伟(南京工业大学)

宁利敏(南京中医药大学、南京工业大学)

江　凌(南京工业大学)

姚　忠(南京工业大学)

刘正一(中国科学院烟台海岸带研究所)

姜进举(海藻活性物质国家重点实验室)

王荣夫(北海道大学水产学部)

刘　洋(南京工业大学)

倪　芳(南京工业大学)

柳　东(南京工业大学)

吴春辉(中国科学院海洋研究所)

曹声生(南京工业大学)

徐寅啸(南京工业大学)

唐天城(南京工业大学)

李　丽(南京工业大学)

魏衍尚(南京工业大学)

王　辉(南京工业大学)

目 录

实验室安全须知

海洋酶工程实验课的目的一是训练学生掌握酶工程基本的操作技能，并进一步加深对海洋酶工程理论的理解和认识；二是通过实验培养学生观察、思考、分析问题、解决问题和提出问题的能力，同时养成实事求是、严肃认真的科学态度，以及敢于创新的开拓精神，并树立勤俭节约、爱护公物的良好作风。

为了实验的正常实施和顺利进行，并保证安全，学生必须遵守以下实验室规则：

1. 每次实验前必须对相应实验内容进行充分预习，以了解实验目的、原理和方法，做到心中有数，思路清晰。

2. 进入实验室将书包和与实验无关的物品放在指定的地方，并尽快按指定座位坐好，勿随便走动和大声谈话；勿留长指甲；留有长发者要将长发束于脑后，勿使之散落下来；勿将食品带入实验室，更不能在实验室内吃东西。

3. 实验操作要认真仔细，全部操作应严格按操作规程进行，使用专用的记录本或记录册及时对实验现象、结果做认真详细记录。对于当时不能得到结果而需要连续观察的实验，则需及时记录每次观察的现象和结果，以便分析。

4. 实验时小心仔细，万一遇到不慎打破盛菌试管或瓶、皮肤破伤或菌液吸入口中等意外情况发生时，应立即报告指导教师，及时处理，切勿隐瞒。

5. 实验过程中，切勿使乙醇、乙醚、丙酮等易燃药品接近火焰。如遇火险，应先关掉火源，再用湿布或沙土掩盖灭火。必要时使用灭火器。

6. 对于实验设备也必须严格遵照相应的操作规程。使用显微镜或其他贵重仪器时，要细心操作，特别爱护。对材料和药品等要力求节约，用毕后仍放回原处。

7. 每次实验完毕后，必须把所有的仪器整理好。将实验室收拾整齐，擦净桌面。

如有菌液污染桌面或其他地方时，可用3%来苏尔液或5%石炭酸液覆盖1.5h后擦去，如系芽孢杆菌，应适当延长消毒时间。凡带菌之工具(如吸管、玻璃刮棒等)在洗涤前须浸泡在3%来苏尔液中进行消毒。

8. 每次实验需进行培养的材料，应标明自己的组别及处理方法，放于教师指定的地点进行培养。实验室中的菌种和物品等，未经教师许可，不得带出室外。

9. 离开实验室前将手洗净，注意关闭水、电、门窗、灯等。

10. 每次实验结束后，及时整理、分析实验结果和实验现象，以实事求是的科学态度填写并完成实验报告，认真回答思考题，并及时汇交教师批阅。

实验一 普通光学显微镜的使用

1 实验目的

(1) 熟悉普通光学显微镜的构造和原理。

(2) 学会普通光学显微镜的正确使用和维护、保养方法。

2 实验原理

海洋生物酶主要是由海洋微生物产生的，而微生物的个体极其微小，我们很难直接用肉眼去观察和研究，需要借助显微镜观察微生物的形态特征和菌体细胞内的构造特征。在实验中最常用的就是光学显微镜。

3 实验材料

普通光学显微镜、灿烂弧菌(*Vibrio splendidus*)(染色标本)、大西洋交替假单胞菌(*Pseudoalteromonas atlantica*)(染色标本)、产黄青霉菌(*Penicillium chrysogenum*)(染色标本)、香柏油、擦镜纸等。

4 实验方法

4.1 认识光学显微镜的构造

一台普通光学显微镜主要由机械系统和光学系统两部分构成，而光学系统则主要包括光源、反光镜、聚光器、物镜和目镜等部件(见图 1-1)。

1. 机械部分

镜筒：为安装在显微镜最上方或镜臂前方的圆筒状结构，其上端装有目镜，下端与物镜转换器相连。

物镜转换器：又称物镜转换盘。是安装在镜筒下方的一个圆盘状构造，可以按顺时针或逆时针方向自由旋转。其上均匀分布有 3~4 个圆孔，用以装载不同放大倍数的物镜。转动物镜转换盘可使不同的物镜到达工作位置(即与光路合轴)。

镜臂：为支撑镜筒和镜台的弯曲状构造，是取用显微镜时握拿的部位。镜筒直立式显微镜在镜臂与其下方的镜柱之间有一倾斜关节，可使镜筒向后倾斜一定角度以方便观察，但使用时倾斜角度不应超过45°，否则显微镜会由于重心偏移容易翻倒。

调焦器：也称准焦螺旋，为调节焦距的装置，分粗准焦螺旋(大螺旋)和细准焦螺旋

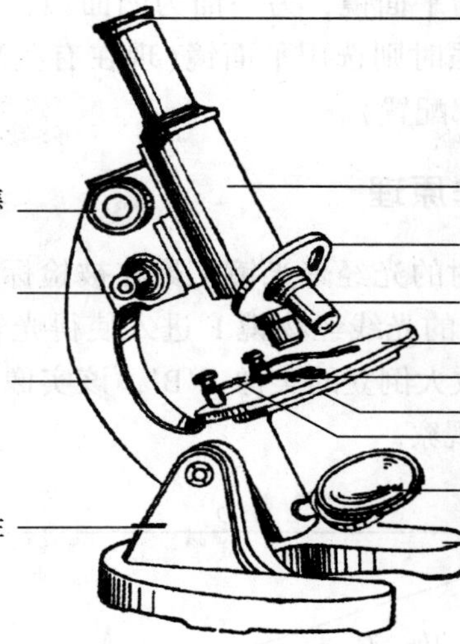

图 1-1　普通光学显微镜的构造示意图

(小螺旋)两种。粗准焦螺旋可使镜筒或载物台以较快速度或较大幅度升降，能迅速调节好焦距使物像呈现在视野中，适于低倍镜观察时的调焦。而细准焦螺旋只能使镜筒或载物台缓慢或较小幅度升降(升或降的距离不易被肉眼观察到)，适用于高倍镜和油镜的聚焦或观察标本的不同层次，一般在粗准焦螺旋调焦的基础上再使用细准焦螺旋，精细调节焦距。

载物台：也称镜台，是位于物镜转换器下方的方形平台，是放置被观察的玻片标本的地方。平台的中央有一圆孔，称为通光孔，来自下方的光线经此孔照射到标本上。

镜柱：为镜臂与镜座相连的短柱。

镜座：位于显微镜最底部的构造，为整个显微镜的基座，用于支持和稳定镜体。有的显微镜在镜座内装有照明光源等构造。

2. 光学系统部分

显微镜的光学系统主要包括物镜、目镜和照明装置(反光镜、聚光器和光圈等)。

目镜：安装在镜筒的上端，起着将物镜所放大的物像进一步放大的作用。每台显微镜通常配置 2~3 个不同放大倍率的目镜，常见的有 5×、10×和 15×(×表示放大倍数)的目镜，可根据不同的需要选择使用，最常使用的是 10×目镜。

物镜：安装在物镜转换器上。每台光学显微镜一般有 3~4 个不同放大倍率的物镜，每个物镜由数片凸透镜和凹透镜组合而成，是显微镜最主要的光学部件，决定着光学显微镜分辨力的高低。常用物镜的放大倍数有 10×、40×和 100×等几种。一般将 8×或 10×的物镜称为低倍镜(而将 5×以下的物镜叫作放大镜)；将 40×或 45×的物镜称为高倍镜；将 90×或 100×的物镜称为油镜(这种镜头在使用时需浸在镜油中)。

聚光器：位于载物台的通光孔的下方，由聚光镜和光圈构成，其主要功能是将光线集中到所要观察的标本上。聚光镜由 2~3 个透镜组合而成，其作用相当于一个凸透镜，可将光线汇集成束。光圈也称为彩虹阑或孔径光阑，位于聚光器的下端，是一种能控制进入聚光器的光束大小的可变光阑。它由十几张金属薄片组合排列而成，其外侧有一小柄，可使光圈的孔径开大或缩小，以调节光线的强弱。

反光镜：位于聚光镜的下方，可向各方向转动，能将来自不同方向的光线反射到聚光器中。反光镜有两个面，一面为平面镜，另一面为凹面镜，凹面镜有聚光作用，适合在较弱光和散射光下使用，光线较强时则选用平面镜(现在有些新型的光学显微镜都有自带光源，而没有反光镜；有的二者都配置)。

4.2　光学显微镜的工作原理

如图 1-2 所示，由光源发射的光经聚光镜汇聚在被检标本上，使得标本得到足够的光线，由标本 AB 反射或者折射出的光线经物镜 F 进入使得光轴与水平面倾斜 45°角的棱镜，在目镜的焦平面上，形成一个放大倒立的实像 A′B′，该实像再经过目镜的接目透镜形成一个放大的正立虚像 A″B″供人眼观察。

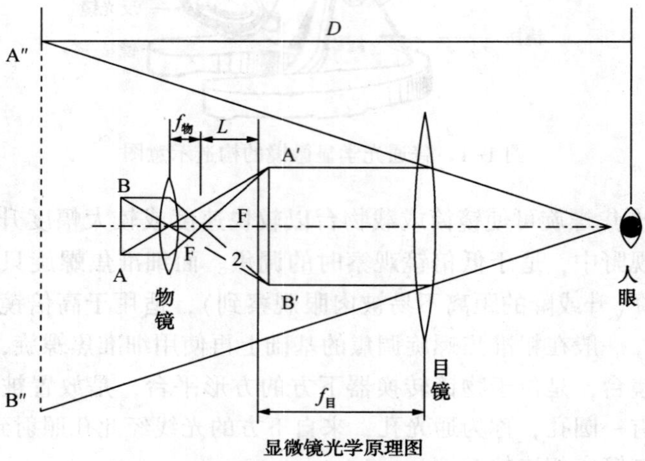

图 1-2　光学显微镜的成像原理示意图

4.3　光学显微镜的使用方法

(1) 实验时要把显微镜放在座前桌面上稍偏左的位置，镜座应距桌沿 6~7cm。

(2) 打开光源开关，调节光强到合适大小。

(3) 转动物镜转换器，使低倍镜头正对载物台上的通光孔。先把镜头调节至距载物台 1~2cm 处，然后用左眼注视目镜内，接着调节聚光器的高度，把孔径光阑调至最大，使光线通过聚光器入射到镜筒内，这时视野内呈明亮的状态。

(4) 将所要观察的玻片放在载物台上，使玻片中被观察的部分位于通光孔的正中央，然后用标本夹夹好载玻片。

(5) 先用低倍镜观察(物镜 10×、目镜 10×)。观察之前，先转动粗准焦螺旋，使载物台上升，物镜逐渐接近玻片。需要注意，不能使物镜触及玻片，以防镜头将玻片压碎。然后，左眼注视目镜内，同时右眼不要闭合(要养成睁开双眼用显微镜进行观察的习惯，以便在观察的同时能用右眼看着绘图)，并转动粗准焦螺旋，使载物台慢慢下降，不久即可看到玻片中材料的放大物像。

(6) 如果在视野内看到的物像不符合实验要求(物像偏离视野)，可慢慢调节载物台移动手柄。调节时应注意玻片移动的方向与视野中看到的物像移动的方向正好相反。如果物像不甚清晰，可以调节细准焦螺旋，直至物像清晰为止。

（7）如果进一步使用高倍物镜观察，应在转换高倍物镜之前，把物像中需要放大观察的部分移至视野中央（将低倍物镜转换成高倍物镜观察时，视野中的物像范围缩小了很多）。一般具有正常功能的显微镜，低倍物镜和高倍物镜基本齐焦，在用低倍物镜观察清晰时，换高倍物镜应可以见到物像，但物像不一定很清晰，可以转动细准焦螺旋进行调节。

（8）在转换高倍物镜并且看清物像之后，可以根据需要调节孔径光阑的大小或聚光器的高低，使光线符合要求（一般将低倍物镜换成高倍物镜观察时，视野要稍变暗一些，所以需要调节光线强弱）。

（9）观察完毕应先将物镜镜头从通光孔处移开，然后将孔径光阑调至最大，再将载物台缓缓落下，并检查零件有无损伤，特别要注意检查物镜是否沾水沾油，如沾了水或油要用镜头纸擦净，检查处理完毕后即可铺上防尘布。

4.3.1 低倍镜的使用方法

（1）取镜和放置：显微镜平时存放在柜或箱中，用时从柜中取出，右手紧握镜臂，左手托住镜座，将显微镜放在自己左肩前方的实验台上，镜座后端距桌边 2.54～5.08cm 为宜，便于坐着操作。

（2）对光：用拇指和中指移动旋转器（切忌手持物镜移动），使低倍镜对准镜台的通光孔（当转动听到碰叩声时，说明物镜光轴已对准镜筒中心）。打开光圈，上升集光器，并将反光镜转向光源，以左眼在目镜上观察（右眼睁开），同时调节反光镜方向，直到视野内的光线均匀明亮为止。

（3）放置玻片标本：取一玻片标本放在镜台上，一定使有盖玻片的一面朝上，切不可放反，用推片器弹簧夹夹住，然后旋转推片器螺旋，将所要观察的部位调到通光孔的正中。

（4）调节焦距：以左手按逆时针方向转动粗准焦螺旋，使镜台缓慢地上升至物镜距标本片约 5mm 处，应注意在上升镜台时，切勿在目镜上观察。一定要从右侧看着镜台上升，以免上升过多，造成镜头或标本片损坏。然后，两眼同时睁开，用左眼在目镜上观察，左手顺时针方向缓慢转动粗准焦螺旋，使镜台缓慢下降，直到视野中出现清晰的物像为止。

如果物像不在视野中心，可调节推片器将其调到中心（注意移动玻片的方向与视野物像移动的方向是相反的）。如果视野内的亮度不合适，可通过升降集光器的位置或开闭光圈的大小来调节，如果在调节焦距时，镜台下降已超过工作距离（>5.40mm）而未见到物像，说明此次操作失败，则应重新操作，切不可心急而盲目地上升镜台。

4.3.2 高倍镜的使用方法

（1）选好目标：一定要先在低倍镜下把需进一步观察的部位调到中心，同时把物像调节到最清晰的程度，才能进行高倍镜的观察。

（2）转动转换器，调换上高倍镜头，转换高倍镜时转动速度要慢，并从侧面进行观察（防止高倍镜头碰撞玻片），如高倍镜头碰到玻片，说明低倍镜的焦距没有调好，应重新操作。

（3）调节焦距：转换好高倍镜后，用左眼在目镜上观察，此时一般能见到一个不太清楚的物像，可将细准焦螺旋逆时针移动约 0.5～1 圈，即可获得清晰的物像（切勿用粗调节器！）。

如果视野的亮度不合适，可用集光器和光圈加以调节，如果需要更换玻片标本，必须顺时针（切勿转错方向）转动粗准焦螺旋使镜台下降，方可取下玻片标本。

4.3.3 油镜的使用方法

（1）在使用油镜之前，必须先经低、高倍镜观察，然后将需进一步放大的部分移到视野的中心。

（2）将集光器上升到最高位置，光圈开到最大。

（3）转动转换器，使高倍镜头离开通光孔，在需观察部位的玻片上滴加一滴香柏油，然后慢慢转动油镜，在转换油镜时，从侧面水平注视镜头与玻片的距离，使镜头浸入油中而又不压破载玻片为宜。

（4）用左眼观察目镜，并慢慢转动细调节器至物像清晰为止。

如果不出现物像或者目标不理想要重找，在加油区之外重找时应按：低倍→高倍→油镜程序。在加油区内重找应按：低倍→油镜程序，不得经高倍镜，以免油沾污镜头。

（5）油镜使用完毕，先用擦镜纸沾少许二甲苯将镜头和标本上的香柏油擦去，然后再用干擦镜纸擦干净。

4.4 显微镜使用的注意事项

4.4.1 正确安装的问题

使用显微镜前，首先要把显微镜的目镜和物镜安装上去。目镜的安装较为简单，主要的问题在于物镜的安装，由于物镜镜头较贵重，万一安装时螺纹没合好，易摔到地上，造成镜头损坏，所以为了保险起见，强调操作者在安装物镜时要用左手食指和中指托住物镜，然后用右手将物镜装上去，这样即使没安装好，也不会摔到地上。

4.4.2 正确对光的问题

对光是使用显微镜时很重要的一步，有些操作者在对光时，随便转一个物镜对着通光孔，而不是按要求一定用低倍镜对光。有的操作者转动反光镜时喜欢用一只手，往往将反光镜扳了下来。所以一定要强调用低倍镜对光，当光线较强时用小光圈、平面镜，而光线较弱时则用大光圈、凹面镜，反光镜要用双手转动，当看到均匀光亮的圆形视野为止。光对好后不要再随便移动显微镜，以免光线不能准确地通过反光镜进入通光孔。

4.4.3 正确使用准焦螺旋的问题

使用准焦螺旋调节焦距，找到物像可以说是显微镜使用中最重要的一步，也是操作者感觉最为困难的一步。操作者在操作过程中极易出现以下错误：一是在高倍镜下直接调焦；二是不管镜筒上升或下降，眼睛始终在往目镜中看视野；三是不了解物距的临界值，物距调到 2~3cm 时还在往上调，而且转动准焦螺旋的速度很快。前两种错误结果往往造成物镜镜头抵触到装片，损伤装片或镜头，而第三种错误则是操作者使用显微镜时最常见的一种现象。针对以上错误，操作者要注意，调节焦距一定要在低倍镜下调，先转动粗准焦螺旋，使镜筒慢慢下降，物镜靠近载玻片，但注意不要让物镜碰到载玻片，在这个过程中眼睛要从侧面看物镜，然后用左眼朝目镜内注视，并慢慢反向调节粗准焦螺旋，使镜筒徐徐上升，直到看到物像为止。一般显微镜的物距在 1cm 左右，所以如果物距已远超过 1cm，但仍未看到物像，那可能是标本未在视野内或转动粗准焦螺旋速度过快，此时应调整装片位置，然后再重复上述步骤，当视野中出现模糊的物像时，就要换用细准焦螺旋调节，只有这样，才能缩小寻找范围，提高找到物像的速度。

4.4.4　物镜转换的问题

使用低倍镜后换用高倍镜，操作者往往喜欢用手指直接推转物镜，认为这样比较省力，但这样容易使物镜的光轴发生偏斜，原因是转换器的材料质地较软，精度较高，螺纹受力不均匀很容易松脱。一旦螺纹破坏，整个转换器就会报废。操作者应手握转换器的下层转动板转换物镜。

4.4.5　正确用眼的问题

用显微镜观察物体时，应双眼同时睁开，左眼往目镜内注视。但有不少操作者往往做不到这一点，喜欢用手捂住右眼或干脆闭上右眼，这是不符合实验的观察要求的，这种不良习惯会造成左眼疲劳，同时也不能做到边观察边画图。应该注意，左眼要尽量贴近目镜，右眼试图向视野内注视，如此反复训练，就会达到双目同时睁开观察的要求。或者也可以做以下练习：睁开双眼，用一张纸或手掌竖立在两眼之间、鼻子前方，使左右眼不能互看对侧一边，然后有意识地先看左边，再看右边，如此 3~5 次，每天早晚各做一遍，不到一星期便可学会。

4.4.6　视野内污点判断的问题

转动目镜，污点移动则在目镜上，不移动则不在目镜上。

移动玻片，污点移动则在玻片上，不移动则不在玻片上。

如果视野内的污点不在玻片和目镜上，那就在物镜上。

4.4.7　显微镜视野内玻片的移动与物像的移动

由于是倒立的像，玻片的移动方向与物像移动的方向相反。

4.4.8　使用过程中其他需要注意的问题

（1）持镜时必须是右手握臂、左手托座的姿势，不可单手提取，以免零件脱落或碰撞到其他地方。

（2）轻拿轻放，不可把显微镜放置在实验台的边缘，以免碰翻落地。

（3）保持显微镜的清洁，光学和照明部分只能用擦镜纸擦拭，切忌口吹手抹或用布擦，机械部分用布擦拭。

（4）水滴、酒精或其他药品切勿接触镜头和镜台，如果沾污应立即擦净。

（5）放置玻片标本时要对准通光孔中央，且不能反放玻片，防止压坏玻片或碰坏物镜。

（6）要养成两眼同时睁开的习惯，以左眼观察视野，右眼用以绘图。

（7）不要随意取下目镜，以防止尘土落入物镜，也不要任意拆卸各种零件，以防损坏。

（8）使用完毕后，必须复原才能放回镜箱内，其步骤是：取下标本片，转动旋转器使镜头离开通光孔，下降镜台，平放反光镜，下降集光器（但不要接触反光镜）、关闭光圈，推片器回位，盖上绸布和外罩，放回实验台柜内。最后填写使用登记表（注：反光镜通常应垂直放，但有时因集光器没提至应有高度，镜台下降时会碰坏光圈，所以这里改为平放）。

5　实验内容

（1）熟悉普通光学显微镜的各个组件及其作用。

（2）学会使用普通光学显微镜。

（3）用低倍镜和高倍镜观察产黄青霉菌的染色标本并绘图。

（4）用油镜观察灿烂弧菌和大西洋交替假单胞菌的染色标本并绘图。

6 实验结果

在不同放大倍数的显微镜下观察灿烂弧菌、大西洋交替假单胞菌和产黄青霉菌的染色标本并绘图。

7 思考与讨论

（1）如何调整观察视野中的光线强弱？

（2）油镜的使用有哪些注意事项？

（3）如何选取合适的物镜观察不同大小的海洋微生物？

实验二 玻璃器皿的清洗、包扎和干热灭菌

1 实验目的

（1）熟悉微生物实验常用的各种玻璃器皿。

（2）掌握玻璃器皿的清洗和包扎方法。

（3）掌握干热灭菌的原理、应用范围和方法。

2 实验原理

无菌技术是微生物学研究的基本技术之一。无菌技术是在分离、转接及培养纯培养物时防止其被其他微生物污染的技术。为了保证无菌操作实验的顺利进行，要求实验中所用的器皿干净整洁，并保持无菌状态。因此，需要对玻璃器皿如培养皿、试管、移液管等进行清洗、包扎和灭菌。这些工作是微生物实验工作的基础，若不按规定和要求去做，会导致微生物实验的失败。

干热灭菌是利用高温使微生物细胞内的蛋白凝固变性而达到灭菌的目的。细胞内的蛋白凝固性与其本身的含水量有关，菌体受热时环境和细胞内含水量越大，蛋白凝固就越快；反之，含水量越少，凝固越慢。因此，与湿热灭菌相比，干热灭菌所需温度要高（160~170℃），时间更长（1~2h）。干热灭菌要求在电热干燥箱中进行，干热灭菌适用于玻璃器皿（培养皿、试管、移液管、吸管等）、金属器皿和其他物品（如石蜡油）等的灭菌。

本实验介绍微生物实验中常用玻璃器皿的清洗、包扎和灭菌方法。

3 实验材料

电热干燥箱、培养皿、试管、三角烧瓶、烧杯、移液管、吸管、载玻片、毛刷、去污粉、洗涤液。

4 实验方法

4.1 玻璃器皿清洗的注意事项和方法

（1）任何洗涤方法都不应对玻璃器皿有所损伤，因此，不能用腐蚀性的化学试剂，也不能用比玻璃硬度大的物品来擦拭玻璃器皿。

（2）新的玻璃器皿应用 2% 的盐酸溶液浸泡数小时，并用水充分冲洗干净。用过的器皿应立即洗涤。

(3) 强酸、强碱、琼脂等能腐蚀、阻塞管道的物质不能直接倒在洗涤槽内，必须倒在废液缸内。

(4) 含有琼脂培养基的器皿先将培养基刮去，或用水蒸煮至培养基熔化后倒出，然后再用洗洁精清洗。凡遇有传染性材料的器皿，应经高压蒸汽灭菌后再进行清洗。

(5) 一般的器皿可以用去污粉、肥皂或洗洁精清洗，油脂很重的器皿应先将油脂擦去。沾有煤膏、焦油及树脂一类物质的器皿可用浓硫酸或40%氢氧化钠或用洗液浸泡；沾有蜡或油漆物的器皿可加热使之熔融后擦去，或用有机溶剂(苯、二甲苯、汽油、丙酮等)擦去。

(6) 玻璃移液管、吸管使用后应立即放入底部垫有脱脂棉或纱布的盛有自来水的量筒或标本缸内，以免干燥后难以冲洗干净，然后放入超声波清洗器内洗涤，最后用自来水急速水流冲洗干净后沥干或烘干。

(7) 载玻片先擦去油垢再清洗干净，然后在2%盐酸溶液中浸泡1~2h后用清水冲净，最后用蒸馏水冲洗，干后浸于95%酒精中备用。

(8) 洗涤后的器皿应达到玻璃壁能被水均匀润湿而无条纹和水珠。

4.2 玻璃器皿的包扎

(1) 培养皿：洗净烘干的培养皿每5套(或根据需要而定)叠在一起，用报纸卷成一筒，或装入特制的铁桶(盒)或不锈钢桶(盒)中，然后进行灭菌。

(2) 移液管、吸管：先在洗净干燥的移液管的粗头端塞入少许脱脂棉花，以防止使用时造成污染。塞入的棉花量要松紧适宜，多余的棉花用酒精灯火焰烧掉。然后将移液管尖端斜放在宽约4~5cm纸条的左下端，以45°角为宜[图2-1(a)]。将左端多余的一段纸覆折在移液管上[图2-1(b)，(c)]，右手压住移液管尖端并转动移液管，使纸条裹紧移液管[图2-1(d)]，最后用多余的纸条打一小结以防散开[图2-1(e)，(f)]，标上容量，灭菌。使用时，从移液管中间撕断纸条，抽出移液管。用同样方法包扎吸管。

(3) 试管和三角瓶：试管和三角瓶可用棉塞、塑料帽、硅胶泡沫塞塞好。棉塞的制作方法如图2-2所示。制作好的棉塞要求紧贴试管口壁或瓶口壁，没有皱纹和缝隙，松紧适宜，从试管口或瓶口拔出时听到“噗”的一声，棉塞的长度不小于管口直径的2倍，约2/3塞进管口，最后用纱布包裹棉塞。若干支试管可扎成一捆，并在管口部分包上牛皮纸。

三角烧瓶也可用6~8层纱布、铝箔等封口，然后用牛皮纸和棉绳包扎(见图2-3)。

4.3 干热灭菌

(1) 装入待灭菌物品：将包扎好的待灭菌物品(培养皿、试管、吸管等)放入电热干燥箱内，关好箱门。注意物品摆放不要太挤，以免妨碍空气流通，灭菌物品不要接触电烘箱内壁的铁板，以防包装纸烤焦起火。

(2) 升温与恒温：接通电源，打开电烘箱排气孔，设定灭菌温度至160~170℃。注意干热灭菌温度不能超过180℃，否则，易引起包扎器皿的纸焦化起火。当温度升至100℃时，关闭排气孔。当温度达到160~170℃时开始计时，恒温1~2h(现在有的电热干燥箱还可设定灭菌时间，只需灭菌开始时将时间设定好即可，不需人为计时)。注意干热灭菌过程要严防恒温调节的自动控制失灵造成安全事故，灭菌时人不能离开。

（3）降温：达到规定时间后切断电源、自然降温。切记灭菌结束后不能忘记关闭电源。

（4）开箱取物：待电热干燥箱内温度降到 70℃以下后，打开箱门，取出灭菌物品。电热干燥箱内温度未降到 70℃以下时，切勿自行打开箱门以免骤然降温导致玻璃器皿炸裂。

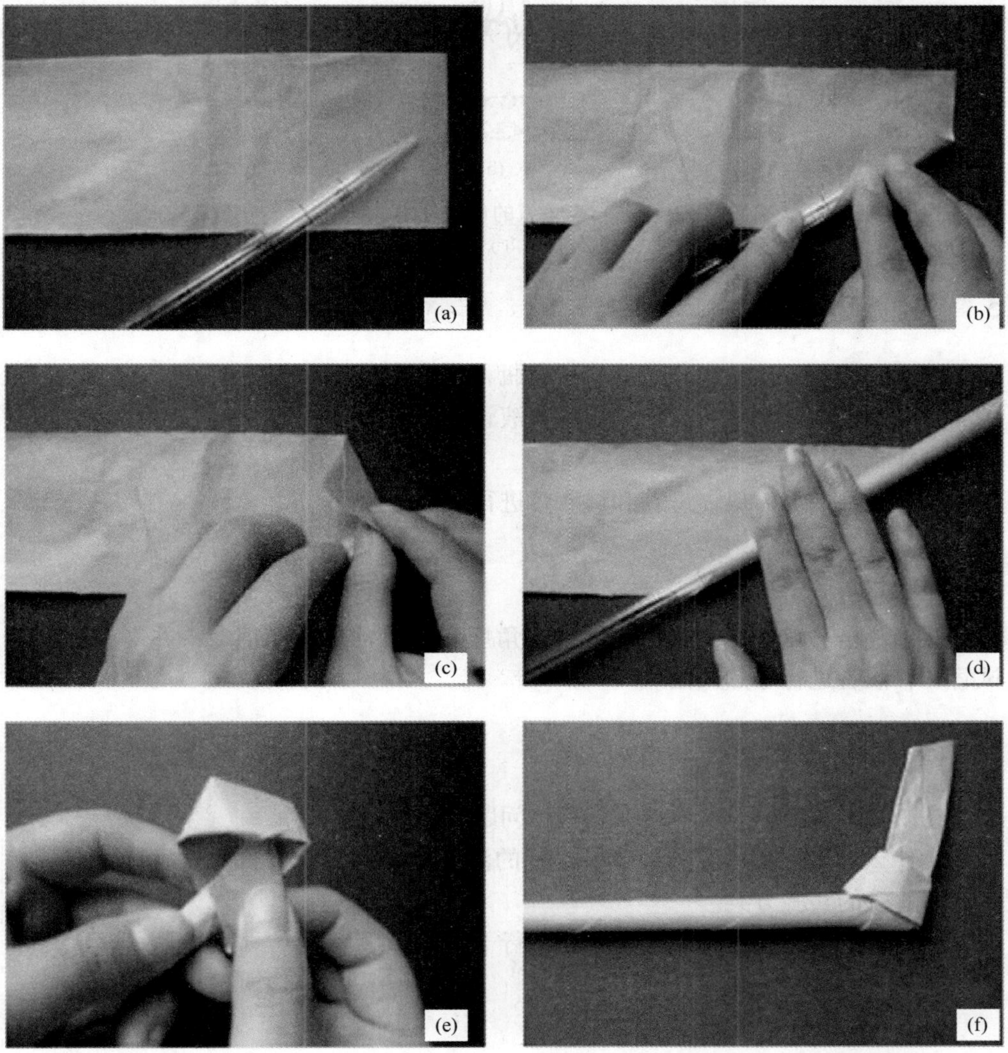

图 2-1　移液管的包扎示意图

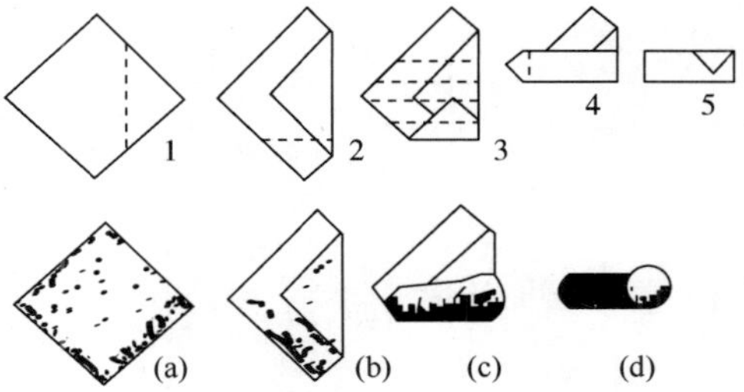

图 2-2　棉塞的制作过程示意图

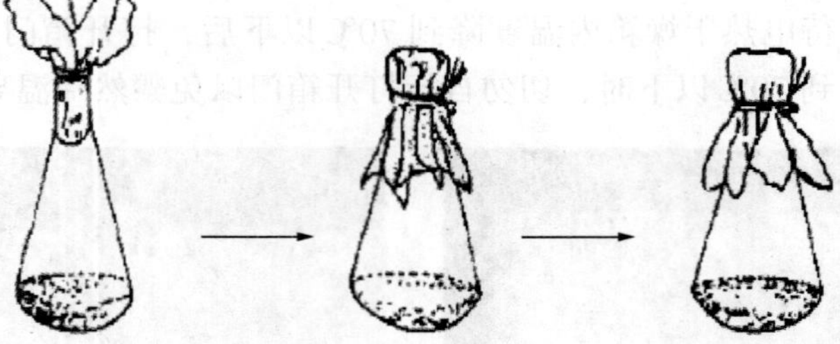

图 2-3　三角瓶的包扎方法示意图

5　实验内容

（1）清洗培养皿、试管、移液管、三角瓶和载玻片。

（2）包扎清洁干燥的培养皿、试管、移液管和三角瓶。

（3）制作棉塞。

（4）对包扎好的培养皿、试管和移液管进行干热灭菌。

6　实验结果

清洗并包扎培养皿、试管、移液管、三角瓶和载玻片，制作棉塞，并对包扎好的培养皿、试管和移液管进行干热灭菌。

7　思考与讨论

（1）在干热灭菌操作过程中应注意哪些问题，为什么？

（2）为什么干热灭菌比湿热灭菌所需要的温度要高，时间要长？试设计干热灭菌和湿热灭菌效果比较的实验方案。

（3）玻璃器皿为什么在干热灭菌前要先行干燥？

实验三　培养基的制备与高压蒸汽灭菌

1　实验目的

（1）熟悉微生物培养的常用培养基及其特性。

（2）掌握培养基配制的原理。

（3）学会培养基配制的方法。

（4）掌握高压蒸汽灭菌的原理、应用范围和操作方法。

2　实验原理

培养基是人工配制的适合微生物生长繁殖或积累代谢产物的营养基质，用以培养、分离、鉴定、保存各种微生物或合成各种代谢产物。一般培养基中含有水分、碳源、氮源、能源、无机盐、生长因子等营养物质。自然界微生物种类繁多，营养类型多样，加之实验和研究目的的不同，所以培养基的种类很多。此外，不同微生物其生长繁殖对 pH 值要求不同，霉菌和酵母一般要求偏酸的环境，细菌和放线菌要求中性或微碱性的环境。因此，配制培养基时要根据不同微生物的要求将 pH 值调到合适的范围。再有，根据培养基中是否需要加入凝固剂以及凝固剂的用量又可分为液体培养基、半固体培养基和固体培养基。实验室中常用的凝固剂为琼脂。半固体培养基琼脂加入量为 0.2%~0.7%，固体培养基琼脂加入量为 1.5%~2.0%。

一般培养细菌常用营养琼脂培养基，培养放线菌常用高氏 1 号培养基，培养酵母菌常用麦芽汁培养基，培养霉菌常用马铃薯糖培养基(PDA)。

由于配制培养基的各类营养物质和容器含有各种微生物，因此，已配制好的培养基必须立即灭菌，如果来不及灭菌，应暂存冰箱内，以防其中的微生物生长繁殖消耗养分和改变培养基的酸碱度而带来不利的影响。

高压蒸汽灭菌是利用高温使微生物细胞内的蛋白凝固变性而达到灭菌的目的。高压蒸汽灭菌是在高压蒸汽灭菌锅中进行，其外观结构如图 3-1 所示。高压蒸汽灭菌方法是将待灭菌的物品放在密闭的加压灭菌锅内，通过加热，使灭菌锅隔套间的水沸腾而产生蒸汽。待水蒸气急剧地将锅内的冷空气从排气阀中驱尽，然后关闭排气阀，继续加热，此时由于蒸汽不能逸出，增加了灭菌锅内的压力，从而使沸点增高，得到高于 100℃的水蒸气，使菌体蛋白凝固变性而达到灭菌的目的。高压蒸汽灭菌适用于培养基、水等物品灭菌．灭菌的温度及维持的时间随着灭菌物品的性质和容量等具体情况而有所改变。

一般培养基在 0.1MPa、121℃条件下维持 15~30min 即可达到彻底灭菌的目的。而含糖培养基则要在 0.06MPa、112.6℃下把糖溶液单独灭菌，然后以无菌操作技术将灭菌的糖溶

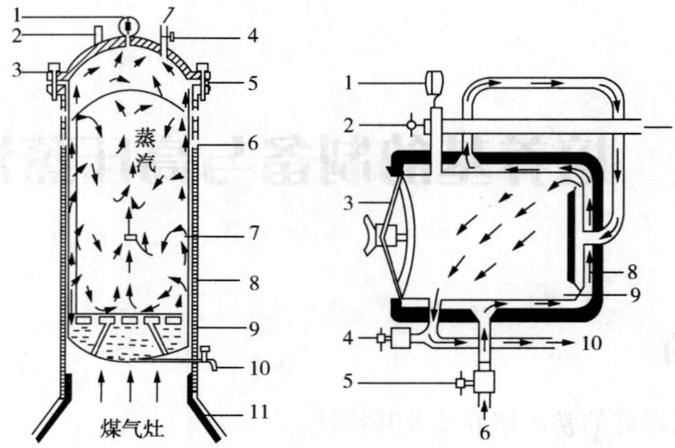

图 3-1　高压蒸汽灭菌锅的构造示意图

液加入灭菌的培养基内。分装于试管内的培养基以 0.1MPa、121℃灭菌 20min 即可，而分装于大三角瓶内的培养基最好以 0.1MPa、121℃灭菌 30min。值得注意的是灭菌锅内冷空气的排除是否完全极为重要，因为空气的膨胀压大于水蒸气的膨胀压，当水蒸气中含有空气时，在同一压力下含空气的蒸汽温度低于饱和蒸汽的温度。因此，灭菌排气时一定要将锅内的冷空气从排气阀中排尽。

本实验介绍微生物实验中培养细菌常用的营养琼脂培养基(液体为肉汤培养基)、培养霉菌常用的 PDA 培养基的配制和高压蒸汽灭菌方法。

3　实验材料

牛肉膏、蛋白胨、葡萄糖、氯化钠、氢氧化钠、琼脂、马铃薯、天平、灭菌锅、电炉、烧杯、量筒、三角瓶、试管、玻璃棒、牛角匙、pH 试纸、棉花、牛皮纸、记号笔、线绳、纱布、漏斗。

4　实验方法

4.1　营养琼脂培养基和肉汤培养基的配制

营养琼脂培养基(也叫牛肉膏蛋白胨培养基)和肉汤培养基是一种应用最广泛和最普通的细菌基础培养基。其配方如下：

牛肉膏 3g，蛋白胨 10g，NaCl 5g，琼脂 15~20g，蒸馏水 1000mL，pH 值 7.4~7.6。

(1) 称药品：按配方根据实际用量称取牛肉膏、蛋白胨和氯化钠各药品放入大烧杯中。牛肉膏可放在小烧杯中称量，用热水溶解后倒入大烧杯，也可放在称量纸上称量，随后放入水中，这时如稍微加热，牛肉膏便会与称量纸分离，立即取出纸片。蛋白胨极易吸潮，故称量时要迅速。注意称药品时严防药品混杂，一把药匙用于一种药品，或称取一种药品后，洗净擦干后再称取另一种药品。瓶盖也不要盖错。

(2) 加热溶解：在烧杯中加入少于所需要的水量，然后放在垫有石棉网的电炉上加热，并用玻璃棒搅拌，待药品完全溶解后再补充水分定容至所需配制的体积。

（3）调 pH 值：滴加 1mol/L NaOH 溶液调 pH 值，边滴加边搅拌，并随时用 pH 试纸或酸度计检测，直至 pH 值为 7.4~7.6。注意 pH 值不要调过，以免回调影响培养基内各离子的浓度。

（4）分装：按实验要求，可将配制的培养基分别装入试管或三角瓶内。具体分装方法如下：

① 配制分装于三角瓶内的固体培养基：量取一定体积的液体培养基分装于三角瓶中，然后按 1.5%~2.0%的量将琼脂直接加入三角瓶中，不必加热熔化，在灭菌时加热熔化，这样可节省时间。分装量以不超过三角瓶容积的一半为宜。

② 配制斜面培养基：量取一定体积的液体培养基倒入烧杯中，按 1.5%~2.0%的量加入琼脂，搅拌均匀后放在垫有石棉网电炉上加热，并用玻棒不断搅拌，至琼脂完全溶解。注意加热过程中避免琼脂糊底或溢出。由于加热过程中水分蒸发，需加蒸馏水补足至所需体积，搅拌均匀后用漏斗分装于试管中，分装量约为试管高度的 1/4。注意分装时不要使培养基沾在试管口上以免造成污染。

③ 配制半固体直立柱培养基：量取一定体积的液体培养基倒入烧杯中，按 0.2%~0.7%的量加入琼脂，其余操作同②。分装量约为试管高度的 1/3。

④ 配制分装于试管和三角瓶中的液体培养基：直接将配制好的液体培养基分装于试管或三角瓶中，分装量约为试管高度的 1/4、三角瓶体积的 1/5。

（5）加塞(封口)和包扎：试管口和三角瓶口塞上棉塞或硅胶泡沫塞，或者三角瓶口用 6~8 层纱布包扎。加塞后的试管以 5~7 支为一捆，于棉塞外包一层牛皮纸，用绳扎好，以防灭菌时冷凝水沾湿棉塞。同样，加塞后的三角瓶在棉塞外包一层牛皮纸，用绳扎好。注意培养基分装包扎后注明培养基名称和配制日期。

（6）灭菌：将包扎好的培养基放置于高压蒸汽灭菌锅中，于 0.1MPa、121℃ 灭菌 20min。具体的灭菌方法见本实验。

（7）摆斜面和半固体直立柱：灭菌后，如制斜面，则需趁热将试管口端搁在一根长木条或玻璃棒上，并调整斜度，使斜面的长度不超过试管总长的 1/2。如制半固体直立柱，灭菌后垂直放置待凝固即可。

（8）无菌检查：将灭菌的培养基放入 37℃恒温培养箱中培养 24~48h，无菌生长即可使用，或贮存于冰箱或清洁的橱内备用。

4.2 PDA 培养基的配制

PDA 培养基(马铃薯糖培养基)是培养霉菌的一种常用培养基，其配方如下：

马铃薯(去皮)200g，蔗糖(或葡萄糖)20g，琼脂 15~20g，水 1000mL，自然 pH。

将马铃薯去皮、洗净切成约 $1cm^3$ 的小块，称取马铃薯块 200g 放入 1L 烧杯中，加水煮沸 30min，纱布过滤，滤液中加 20g 蔗糖(或葡萄糖)，溶解后定容至 1000mL，自然 pH。一般霉菌用蔗糖，酵母菌用葡萄糖。分装、包扎、灭菌及无菌检查同 4.1。

4.3 高压蒸汽灭菌

（1）先将高压蒸汽灭菌锅的内层锅取出，再向外层锅内加入适量的水，使水面与三角搁架相平为宜。注意切勿忘记加水，或水量过少，以防灭菌锅烧干引起炸裂事故。

（2）放回内层锅，并装入待灭菌物品。注意不要装得太挤，以免妨碍蒸汽流通而影响灭菌效果。三角烧瓶与试管口端均不要与锅壁接触，以免冷凝水淋湿包口的纸而透入棉塞。

（3）加盖，注意要将盖上的排气软管插入内层锅的排气槽内。再以对称的方式同时旋紧相对的两个螺栓，要求螺栓松紧一致，勿使其漏气。

（4）接通电源加热，同时打开排气阀，使水沸腾以排出锅内的冷空气。待冷空气完全排尽后，关上排气阀，让锅内的温度随蒸汽压力增加而逐渐上升。当锅内压力升到所需压力时，控制热源，维持压力至所需时间。本实验在0.1MPa、121℃条件下，灭菌20min。注意灭菌的主要因素是温度而不是压力。因此锅内冷空气必须全排尽后才能关上排气阀。

（5）灭菌所需时间到后，切断电源，让灭菌锅内温度自然下降，当压力表的压力降至“0”时，打开排气阀，旋松螺栓，打开盖子，取出灭菌物品。注意压力要降到“0”时，才能打开排气阀，开盖取物。否则就会因锅内压力突然下降，使容器内的培养基由于内外压力不平衡而冲出，造成棉塞沾染培养基而发生污染，甚至灼伤操作者。

（6）取出灭菌培养基，需摆斜面的则摆成斜面，然后放入37℃恒温培养箱中培养24h，经检查若无杂菌生长，即可待用。

5 实验内容

（1）配制营养琼脂培养基并分装于三角瓶中。

（2）配制营养琼脂斜面培养基。

（3）配制营养琼脂半固体培养基。

（4）配制肉汤培养基并分装于试管中。

（5）配制PDA培养基并分装于三角瓶中。

（6）将上述配制完成的培养基进行高压蒸汽灭菌。

6 实验结果

配制上述培养基对其进行高压蒸汽灭菌。

7 思考与讨论

（1）为什么分装于三角瓶中的培养基装量不能过多？

（2）配制培养基有哪几个步骤？在操作过程中应注意什么问题？为什么？

（3）试分析培养基灭菌不彻底的原因。

（4）举例说明细菌、放线菌、酵母、霉菌通常使用哪些培养基？其pH值如何？

（5）在使用高压蒸汽灭菌锅灭菌时，怎样杜绝一切不安全的因素？

实验四　海洋微生物的接种、分离及无菌操作

1　实验目的

(1) 掌握常见菌株的分离、纯化和接种方法。

(2) 掌握无菌操作的基本环节。

(3) 通过对菌落特征的观察，为初步鉴定微生物提供有益信息。

2　实验原理

在自然界中，存在各种各样的微生物，它们混杂地生长在一起。而实验过程中需要从混合物中分离获得所需的菌种，因此需要进行菌种的分离纯化。

微生物分离纯化的基本原理就是将待分离的样品进行适当稀释，尽量使得微生物的细胞和孢子以分散状态存在，然后使其成长为一个纯菌种的单菌落。以上过程需要借助接种技术，即将一种微生物转移到适宜的培养基上进行培养的操作。

为了保证纯种微生物在接种与培养过程中不被污染，接种必须在一个无杂菌污染的环境中进行严格的无菌操作。因此，无菌操作是微生物接种技术的关键。由于实验目的、培养基种类及实验器皿等不同，所用接种方法不尽相同。斜面接种、液体接种、固体接种和穿刺接种操作均以获得生长良好的纯种微生物为目的。再有，接种方法不同，采用的接种工具也有区别，如固体斜面培养物转接时用接种环，穿刺接种时用接种针，液体转接用移液管等。本实验介绍一些常规的微生物接种和培养方法。

3　实验材料

大肠杆菌（*Escherichia coli*）、普通变形杆菌（*Proteus vulgaris*）、铜绿假单胞菌（*Pseudomonas aeruginosa*）、产黄青霉菌（*Penicillium chrysogenum*）、糖发酵培养基（葡萄糖、乳糖和蔗糖）、营养琼脂培养基（三角瓶装）、营养琼脂斜面培养基、营养琼脂半固体直立柱培养基、肉汤培养基（试管）、PDA 培养基（平板）、超净工作台、恒温培养箱、高压灭菌锅/试管、移液管、杜氏小套管、接种环、酒精灯、牙签。

4　实验方法

4.1　斜面接种

斜面接种是从已生长好的菌种斜面或平板上挑取少量菌种移植至另一支新鲜斜面培养

基上的一种接种方法。斜面接种使用的接种工具为接种环，具体操作如图 4-1 所示。

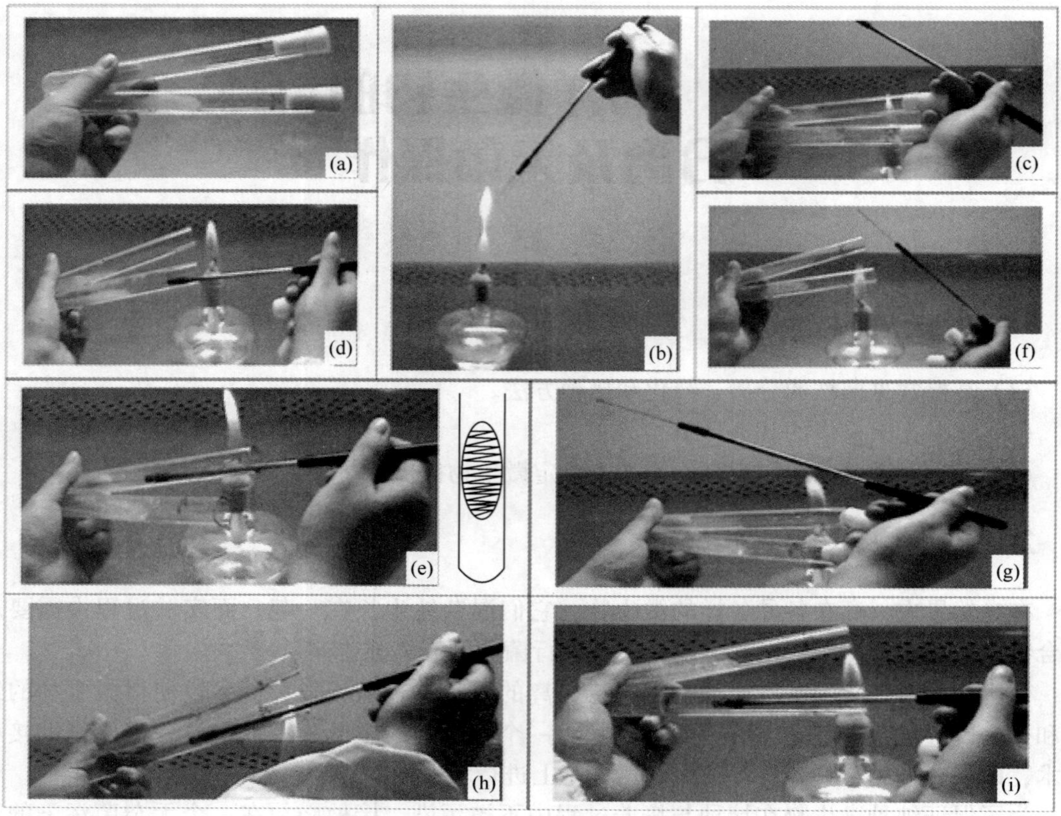

图 4-1　试管斜面接种示意图

（1）消毒：操作前先用 75%酒精棉球擦手，待酒精挥发后才能点燃酒精灯。

（2）手持试管：将菌种管和新鲜斜面握在左手的大拇指和其他四指之间，使斜面和有菌种的一面向上[图 4-1(a)]。

（3）旋松试管塞：先将菌种和斜面的试管塞旋转一下，以便接种时拔出。

（4）接种环火焰灭菌：右手拿接种环(同握笔方式)，在酒精灯火焰的外焰先将接种环一端烧红，然后再将要伸入试管部分的金属柄和金属丝灼烧灭菌[图 4-1(b)]。

（5）拔试管塞：用右手小指、无名指和手掌边同时拔出菌种管和新鲜斜面的试管塞[图 4-1(c)]并把棉塞握住，注意不得任意放在桌上或与其他物品相接触，再以火焰烧管口。注意该过程保持试管口向上倾斜。

（6）冷却接种环和取菌种：将上述在火焰上灭菌过的接种环伸入菌种管内，并且在接触菌种前先在试管内壁上或未长菌的培养基上接触一下，使接种环充分冷却，以免烫死菌种。然后用接种环在菌落上轻轻地接触，刮取少许菌种后将接种环自菌种管内抽出。抽出时勿与管壁相碰，也勿通过火焰[图 4-1(d)]。

（7）接种：迅速将沾有菌种的接种环伸入新鲜斜面培养基试管内，在斜面上，自下而上划"之"字形线，使菌体沾附在培养基上。注意划线时勿用力，否则会使培养基表面划破[图 4-1(e)]。

(8) 塞试管塞：接种完毕后将接种环抽出，灼烧管口，塞上试管塞。注意塞试管塞时勿用试管口去迎试管塞，以免试管在移动时进入不洁空气[图 4-1(f)，(g)]。

(9) 接种环灭菌：接种环在放回原位前，要经火焰灼烧灭菌。同时须将棉塞进一步塞紧以免脱落。

(10) 贴标签：接种后在试管上贴上标签，注明菌名、接种日期。标签贴在斜面的正上方，距试管口约 2~3cm。

4.2 三角瓶液体接种

液体接种技术是一种用移液管或吸管将菌液接种到新鲜液体培养基中，或用接种环将斜面或平板上的菌种接种到新鲜液体培养基中的接种方法。具体操作如图 4-2 所示。

图 4-2 液体接种示意图

(1) 由斜面培养基接入液体培养基：此法用于观察细菌的生长特性和生理生化反应的测定。操作方法同斜面接种。但操作时注意：试管口向上以免培养液流出，接种时接种环与管内壁轻轻研磨使菌体刮下，接种后塞好棉塞，将试管在手掌中轻轻敲打，使菌体充分分散[图 4-1(h)]。

(2) 由液体培养基接入液体培养基：菌种如为液体培养物，接种除用接种环外，还可用无菌移液管或吸管。操作如下：

① 取移液管：取用单支纸包装的无菌移液管时，可将移液管的包装纸从中间撕断取出移液管。

② 移菌液：无菌操作吸取所需的菌液，注意勿用嘴吸取菌液。

③ 接种：左手拿待接种的三角烧瓶，注意勿使瓶口朝天，用右手小指和手掌边拔出瓶塞，瓶口缓缓旋转过火。将移液管伸入三角烧瓶，慢慢放出菌液，最后塞上瓶塞(图 4-2)。

④ 移液管灭菌：将用过的移液管投入 5%石炭酸缸内灭菌。

⑤ 包扎瓶口：若用纱布为通气塞，用棉绳扎好即可。

⑥ 贴标签：同斜面接种。

4.3 半固体穿刺接种

穿刺接种是一种用接种针从菌种斜面上挑取少量菌体并把它穿刺到固体或半固体直立柱培养基中的接种方法。经穿刺接种后的菌种可作为保藏菌种的一种方式，也是检查细菌运动性的一种方法。穿刺接种只适用于细菌和酵母菌的接种培养，使用的接种工具为接种针。具体操作如下：

(1) 消毒：操作同斜面接种。

(2) 手持试管：操作同斜面接种。

(3) 旋松试管塞：操作同斜面接种。

(4) 接种针火焰灭菌：操作同斜面接种。

(5) 拔试管塞：操作同斜面接种。

(6) 冷却接种针和取菌种：将上述在火焰上灭菌过的接种针伸入菌种管内，使接种针在接触菌种前先在试管内壁上或未长菌的培养基上接触一下，使接种针充分冷却，以免烫死菌种。然后用接种针的针尖在菌落上蘸取少量菌种，将接种针自菌种管内抽出。抽出时勿与管壁相碰，也勿使其通过火焰。

(7) 接种：迅速将沾有菌种的接种针伸入直立柱培养基试管口，接种。有两种接种方法：一种是水平法，另一种是垂直法。无论采用何种接种方法，都要求使用的接种针要挺直，接种针自培养基的中心垂直地刺入接近培养基的底部，但勿穿透，然后沿着原路将针拔出，穿刺时要手稳、动作迅速轻快[如图 4-1(i)所示水平接种法]。

(8) 塞试管塞：操作同斜面接种。

(9) 接种针灭菌：操作同斜面接种。

(10) 贴标签：操作同斜面接种。

4.4 平板划线接种

平板划线接种是用接种环在平板培养基表面通过分区划线而达到分离微生物的一种接种方法。其原理是将微生物样品在固体培养基表面做多次"稀释"而达到分离的目的。因此，平板划线接种方法常用于微生物的分离和纯化。具体操作如下：

(1) 倒平板：将灭菌的培养基放在水浴锅或电炉或微波炉中加热熔化，待冷却至 45℃左右时(以不烫手为宜)按无菌操作要求倒平板。先用左手持盛培养基的三角瓶置火焰旁边，用右手小指和手掌边将瓶塞轻轻地拔出，瓶口要保持对着火焰，然后再把盛培养基的三角瓶转交右手(如果三角瓶内的培养基一次用完，瓶塞则不必夹在手中，直接用右手持盛培养基的三角瓶)。

左手拿培养皿并将皿盖在火焰附近打开一缝(持皿方法为无名指和小手指托住皿底，大拇指和中指夹住皿盖，上下活动大拇指便可灵活打开和盖上皿盖。此动作操作前可反复练习至娴熟)，迅速倒入培养基约 15mL，加盖后轻轻摇动培养皿，使培养基均匀分布在培养皿底部，然后平置于桌面上，凝固后即制成平板。

(2) 划线：有多种划线接种法，这里只介绍四区划线接种法。

采用分区划线接种，各区的作用不同，因此，各区的面积也不同。例如四区划线法，按照划线顺序先后依次分为 1、2、3、4 四个区，4 区面积最大，其次是 3 区、2 区，1 区面积最小。划线时 1 区划 3~5 条平行线或"之"字形线即可，4 区划线最多。划线接种的要点为：①接种环要圆滑，且划线时接种环平面与平板平面之间夹角尽量小，以免划破培养基；②初次挑种量不宜过多，划完每一区后要把接种环上残留的菌体烧死；③划线接种时要在火焰旁操作。划线接种具体操作如下：

(a) 接种环火焰灭菌：操作同斜面接种。

(b) 挑菌：接种环冷却后挑取少量菌种。

(c) 划 1 区：左手水平持皿(持皿方法同倒平板)，抬动大拇指打开皿盖，将接种环上的菌种先在 1 区划 3~5 条"之"字形线，然后用火焰烧死接种环上残留的菌种(图 4-3)。

(d) 划 2 区：盖上皿盖，并将平板转动 60°~90°，待接种环冷却后(可在培养基边缘冷却)用接种环由 1 区向 2 区划线，然后再用火焰烧死接种环上残留的菌种(图 4-4)。

(e) 划 3 区等：按划 2 区方法划 3 区等。

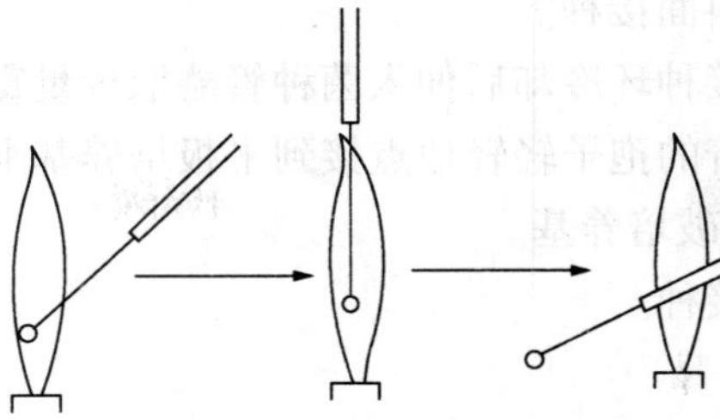

图 4-3　接种环烧灼灭菌示意图

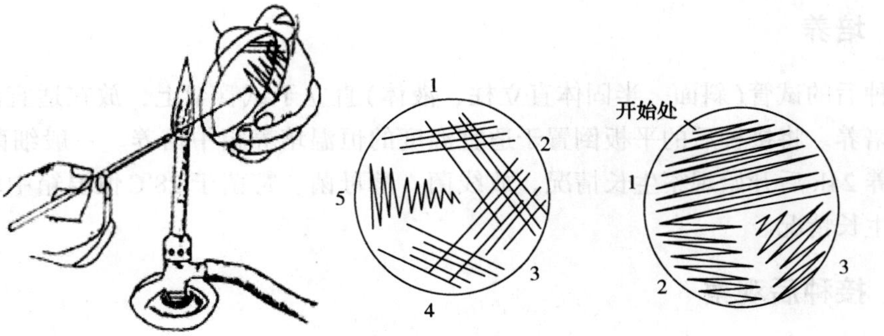

图 4-4　平板划线接种示意图

(3) 贴标签：接种后在平板底部贴上标签，注明菌名、接种日期。

4.5　平板涂布接种

涂布接种法是一种有效而常用的微生物纯种分离和纯化的接种方法。它是将一定浓度、一定量的待分离菌液移到已凝固的平板培养基表面，再用无菌涂布棒迅速地将其均匀涂布开，培养长出单菌落而达到分离目的。涂布接种法也常用于微生物平板菌落计数的接种。具体操作步骤如下：

(1) 倒平板：同平板划线接种。

(2) 取样：用灭菌移液管精确吸取适宜浓度的菌液 0.1~0.2mL，加到已凝固的平板上。

(3) 涂布：立即用灭菌涂布棒(可蘸取酒精火焰灭菌或包扎后干热灭菌)迅速将菌液涂布均匀。注意涂布时沿着一个方向(顺时针或逆时针)涂布，不要两个方向来回涂布。另外，涂布操作时要小心，不要用力过大以免刮破平板。

(4) 贴标签：同平板划线接种。

4.6　平板三点接种

平板三点接种是用接种环蘸取少量霉菌孢子，在平板培养基上点接呈等边三角形的三点，培养后，每皿形成三个菌落。其优点是一个培养皿上同种菌落有三个重复，另外，菌落彼此相接近的边缘，常留有一狭窄的空白处，此处菌丝生长稀疏，较透明，还可分化出繁殖结构，可直接置于低倍镜下观察。操作步骤如下：

(1) 标明三点位置：欲使点接的三点分布均匀，可用记号笔先在平板底部以等边三角形状标上三点。

(2) 接种环火焰灭菌：同斜面接种。

(3) 蘸取孢子：灭过菌的接种环冷却后伸入菌种管蘸取少量霉菌孢子。

(4) 点接：把接种环上沾着的孢子轻轻地点接到平板培养基上(表面可预先标记好接种的部位)。注意在点接时切勿刺破培养基。

(5) 贴标签：同平板划线接种。

4.7 倾注接种法

见实验十三平板菌落计数法。

4.8 培养

将接种后的试管(斜面、半固体直立柱、液体)直立于试管架上，放在适宜温度的恒温培养箱中培养。将接种后的平板倒置于适宜温度的恒温培养箱中培养。一般细菌于37℃恒温箱中培养24h后开始观察生长情况。放线菌、酵母菌、霉菌于28℃恒温箱中培养48h后开始观察生长情况。

4.9 接种后观察

斜面接种的培养物：观察斜面接种后生长的菌苔类型，可分为：正确、稀疏、不完全、杂乱、有水膜、染菌。

半固体穿刺接种的培养物：生长与否、是否沿着接种路线生长、是否染菌。液体接种培养物：菌液是否混浊、是否染菌。平板划线接种培养物：各区培养物分布是否合理、各区界限是否明显、菌落分散情况、有无单菌落形成、是否染菌。平板涂布接种：菌落分散情况、有无单菌落形成、是否染菌。三点接种：有无生长、三个菌落是否一致、是否染菌。

5 实验内容

(1) 用大肠杆菌接种营养琼脂斜面并于培养24h后观察生长情况。

(2) 用普通变形杆菌接种营养琼脂半固体直立柱并于培养24h后观察生长情况。

(3) 用大肠杆菌、铜绿假单胞菌接种肉汤培养基并于培养24h后观察生长情况。

(4) 用大肠杆菌在营养琼脂平板培养基上做划线接种并于培养24h后观察生长情况。

(5) 用大肠杆菌和铜绿假单胞菌混合菌液在营养琼脂平板培养基上做涂布接种并于培养24h后观察生长情况。

(6) 用产黄青霉菌在PDA培养基上做三点接种并于培养48h后观察生长情况。

6 实验结果

(1) 观察并记录大肠杆菌在营养琼脂斜面上生长情况、普通变形杆菌在营养琼脂半固体直立柱上生长情况、大肠杆菌和铜绿假单胞菌在肉汤培养基上生长情况。

(2) 观察并记录大肠杆菌在营养琼脂平板培养基上划线接种生长情况、大肠杆菌和铜绿假单胞菌混合菌液在营养琼脂平板培养基上涂布接种生长情况、产黄青霉菌在PDA培养基上三点接种生长情况。

7 思考与讨论

（1）接种前后为什么要灼烧接种环？

（2）为什么要待接种环冷却后才能与菌种接触？是否可以将接种环放在台子上冷却？如何知道接种环是否已经冷却？

（3）若你接种的培养物出现染菌情况，如何分析引起染菌的原因？

（4）斜面培养物出现水膜现象，请问如何避免水膜形成？

（5）为什么平板培养时要倒置？

实验五 海洋细菌的简单染色技术

1 实验目的

(1) 熟悉并掌握海洋细菌的涂片方法。

(2) 理解并掌握海洋细菌简单染色的原理和方法。

(3) 学会利用简单染色法观察比较海洋细菌菌体形态及排列方式。

2 实验原理

海洋细菌个体微小而透明，在普通光学显微镜下观察不易识别，必须对它们进行染色。因此，染色是微生物学的一项基本技术。根据实验目的不同，染色方法分为简单染色法、鉴别染色法和特殊染色法等。

简单染色是用一种染料对菌体进行染色，常采用结晶紫、美蓝、石炭酸复红等碱性染料。其原理是微生物细胞表面和内部大分子如核酸带有负电荷，碱性染料电离后带有正电荷，这样可与细胞表面和内部的负电荷相互作用而使菌体细胞着色，染色后的细菌细胞与背景形成鲜明对比，从而在显微镜下很容易被识别。菌体在染色前必须被固定，其目的一是杀死菌体细胞，二是使菌体黏附在载玻片上，不易被冲洗掉。此外，菌体固定后还可增加其对染料的亲和力。常用的固定方法是加热固定，但加热固定时不要过热，以免破坏菌体原有形态，引起细胞的膨胀或收缩。

3 实验材料

普通光学显微镜、灿烂弧菌培养液(*Vibrio splendidus*)、交替假单胞菌培养液(*Pseudoalteromonas*)、白蚁嗜盐菌培养液(*Isoptericola halotolerans*)、美兰染色液、石炭酸复红染液、草酸铵结晶紫染色液、接种环、酒精灯、香柏油、无菌水、二甲苯、擦镜纸等。

4 实验方法

4.1 细菌培养液的涂片

取两块洁净的载玻片，在无菌的条件下于玻片中央各滴一滴无菌水，用烧灼灭菌并冷却的接种环分别从灿烂弧菌培养液、交替假单胞菌培养液和白蚁嗜盐菌培养液中挑取少量菌液于水滴中，混匀后涂布成薄膜(图 5-1)。

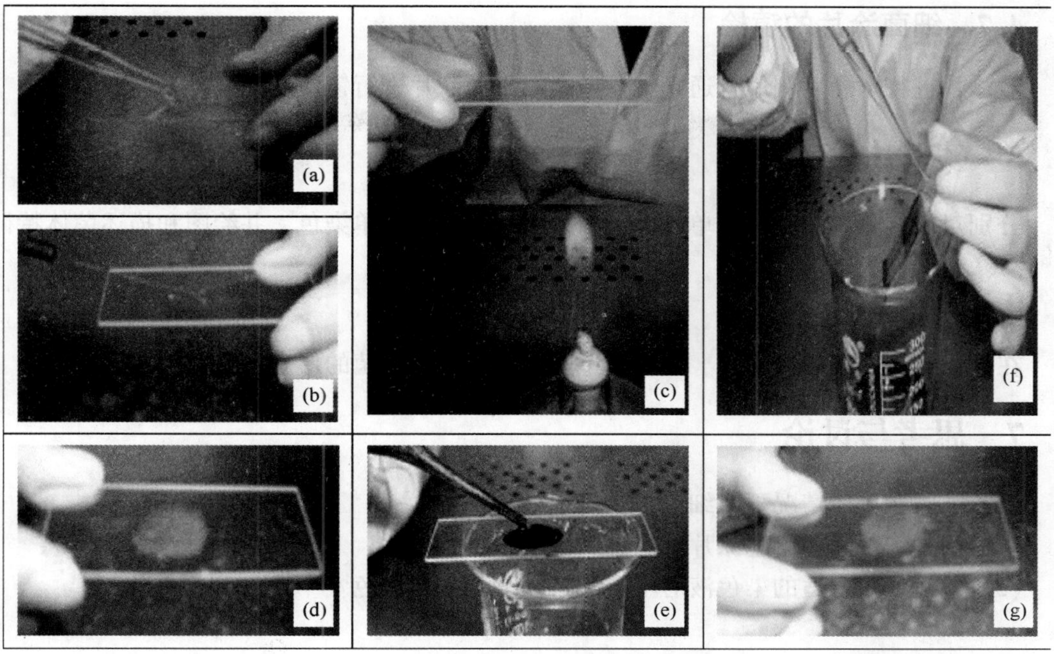

图 5-1　简单染色的操作步骤示意图

4.2　细菌涂片的干燥

涂好的玻片可置于室温进行自然干燥，也可将涂面向上在酒精灯上方进行加热干燥，但应注意的是，涂片不可离火焰太近，以免菌体形态被破坏。

4.3　细菌涂片的固定

手持固定好的涂片一端，涂面朝上在酒精灯上方晃动 3 次，注意加热时间不可过长，以免菌体形状被破坏。

4.4　细菌涂片的染色

将涂片置于玻片架子上，滴加 1~2 滴美兰染色液于涂片上，染色液刚好覆盖涂片上菌液薄膜为宜，染色 1~2min（吕氏美兰染液染色 1~2min，石炭酸复红或草酸铵结晶紫染色 1min）。

4.5　细菌涂片的水洗

倾去染色液，用自来水或蒸馏水从载玻片一端轻轻冲洗，直到从涂片上流下的水为无色为止，在进行水洗操作时，不要用水流直接冲洗涂面，且水流不宜过急过大，以免造成薄膜脱落。

4.6　细菌涂片的干燥

自然干燥或者用吸水纸轻轻吸去涂片上的多余水分，或使用电吹风对涂片进行吹干。

4.7 细菌涂片的镜检

对涂片进行干燥后利用普通光学显微镜对细菌涂片进行镜检。

5 实验内容

分别对灿烂弧菌、交替假单胞菌和白蚁嗜盐菌进行简单染色，并绘图和描述菌体特征。

6 实验结果

在显微镜下观察灿烂弧菌、交替假单胞菌和白蚁嗜盐菌的形态特征并绘图。

7 思考与讨论

(1) 一般在哪些情况下对细菌进行简单染色？
(2) 制备细菌简单染色涂片时有哪些注意事项？
(3) 如何选取合适的染色液对不同的海洋细菌进行染色？

实验六　海洋细菌的革兰氏染色技术

1　实验目的

（1）熟悉掌握革兰氏染色反应的原理和意义。

（2）理解并掌握革兰氏染色的操作过程。

（3）学会利用革兰氏染色法观察比较海洋细菌菌体形态及排列方式。

2　实验原理

革兰氏染色是细菌染色中重要的鉴别染色方法之一。通过革兰氏染色方法可将细菌分为革兰氏阳性菌（G+）和革兰氏阴性菌（G-）两大类。

革兰氏染色的主要操作步骤（图 6-1）是先将细菌用结晶紫染色（初染），再加媒染剂碘液（媒染），然后用脱色剂乙醇或丙酮脱色（脱色），最后用沙黄染色液或番红染色液染色（复染）。如果细菌不被脱色剂脱色而仍保留初染剂结晶紫颜色为革兰氏阳性菌；如果细菌能够被脱色剂脱色，而又染上复染剂的颜色即为革兰氏阴性菌。革兰氏染色的机理主要在于革兰氏阳性菌（G+）和革兰氏阴性菌（G-）细胞壁的结构和化学组成的差异。细菌经过结晶紫初染和碘液的媒染后，在细菌细胞壁内形成不溶于水的结晶紫与碘的复合物。G+菌由于其细胞壁主要成分是肽聚糖，并且肽聚糖层厚、交联程度高，用脱色剂乙醇等处理时，因失水而使肽聚糖网格缩小，再加上 G+菌细胞壁不含类脂成分，乙醇的处理不会使细胞壁溶出缝隙，因此将结晶紫与碘的复合物牢牢地留在细胞壁内，而使菌体仍保持蓝紫色；相反，G-菌细胞壁肽聚糖层薄，交联程度低，并且细胞壁类脂含量高，用脱色剂乙醇处理时，类脂成分迅速溶解，薄而松的肽聚糖网格不能阻挡结晶紫与碘的复合物溶出，而使菌体褪色成无色，这时再用沙黄等红色染料复染，G-菌又被染成红色。因此，革兰氏染色结果为 G+菌为蓝紫色，G-菌为红色。

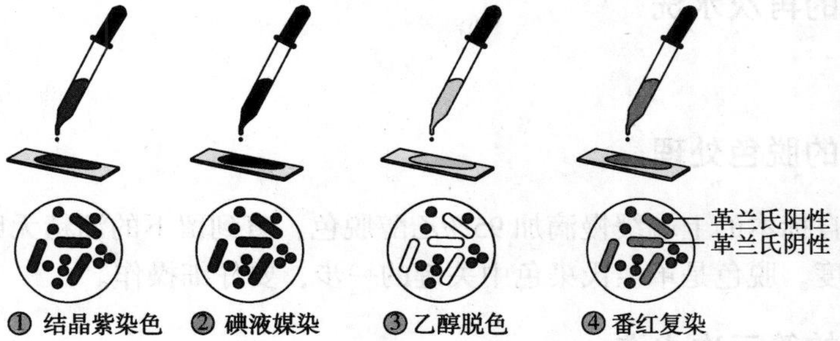

图 6-1　革兰氏染色的步骤示意图

3 实验材料

普通光学显微镜、灿烂弧菌培养液、交替假单胞菌培养液、白蚁嗜盐菌培养液、番红染色液、碘液、草酸铵结晶紫染色液、95%乙醇、接种环、酒精灯、香柏油、无菌水、二甲苯、擦镜纸等。

4 实验方法

4.1 细菌培养液的涂片

用无菌接种环挑取少量大肠杆菌与左边的水滴充分混合；再用无菌接种环挑取少量枯草芽孢杆菌与右边的水滴充分混合；最后将左、右方的菌液延伸于中间区，使灿烂弧菌、交替假单胞菌和白蚁嗜盐菌在玻片中间区域相互混合成含有两种菌的混合区。

4.2 涂片的干燥

涂片在空气中干燥。

4.3 涂片的固定

手持载玻片一端，有菌膜一面向上，通过酒精灯的微火三次，注意用手指触摸载玻片反面，以不烫手为宜。冷却。

4.4 涂片的染色

滴加结晶紫染色液于菌膜部位，覆盖菌膜，染色 1~1.5min。

4.5 涂片的水洗

倾去染色液，斜置玻片，用水自标本的上端缓慢冲洗。注意勿使水流直接冲洗菌膜部位。

4.6 涂片的媒染

滴加路哥氏碘液于菌膜部位，覆盖菌膜，放置 1~2min。

4.7 涂片的再次水洗

同上。

4.8 涂片的脱色处理

斜置玻片，自标本的上端缓慢滴加 95%乙醇脱色，直到留下的酒精无明显的紫色为止。注意不要脱色过度。脱色是革兰氏染色中关键的一步，要仔细操作。

4.9 涂片的第三次水洗

同上。

4.10 涂片的复染

滴加沙黄染色液，染色 1min。

4.11 涂片的第四次水洗

同上。

4.12 涂片的干燥

自然干燥或用吸水纸自玻片边缘轻轻洗干。

4.13 涂片的显微镜观察

对涂片进行干燥后利用普通光学显微镜对细菌涂片进行镜检。

5 实验内容

分别对灿烂弧菌、交替假单胞菌和白蚁嗜盐菌进行革兰氏染色，并绘图和描述菌体特征。

6 实验结果

在显微镜下观察灿烂弧菌、交替假单胞菌和白蚁嗜盐菌的形态特征并绘图。

7 思考与讨论

(1) 革兰氏染色中初染、媒染、脱色和复染的目的是什么？
(2) 细菌革兰氏染色操作时有哪些注意事项？
(3) 革兰氏染色的关键步骤是什么？

实验七　海洋细菌的芽孢染色技术

1　实验目的

(1) 熟悉掌握芽孢染色反应的原理和意义。
(2) 理解并掌握芽孢染色的操作过程。
(3) 学会芽孢染色的操作。

2　实验原理

芽孢是某些细菌生长到一定阶段在菌体内形成的休眠体，通常呈圆形或椭圆形。细菌能否形成芽孢以及芽孢的形状、芽孢在芽孢囊内的位置、芽孢囊是否膨大等特征是鉴定细菌的依据之一。芽孢具有厚而致密的壁、透性低、不易着色，用一般染色法只能使菌体着色而芽孢不着色(芽孢呈透明)或仅显示出很淡的颜色。为了使芽孢着色便于观察，采用芽孢染色法。芽孢染色法是根据芽孢具有难以染色而一旦染色后又难以脱色的特点而设计的。芽孢染色法都基于同一原则，除了用着色力强的染料外，还需要加热，以促进芽孢着色，然后进行脱色，而芽孢上的染料仍保留，最后再用不同颜色的染料进行复染，使菌体(芽孢囊)着色，这样菌体和芽孢呈现不同颜色而便于观察。

芽孢染色方法一般先用碱性染料孔雀绿在加热的情况下进行染色，然后进行脱色，最后用番红复染。

3　实验材料

普通光学显微镜、枯草芽孢杆菌(*Bacillus subtilis*)、孔雀绿染色液、番红染色液、95%乙醇、接种环、酒精灯、香柏油、无菌水、二甲苯、擦镜纸等。

4　实验方法

4.1　枯草芽孢杆菌涂片的制作

取两块洁净的载玻片，在无菌的条件下于玻片中央各滴一滴无菌水，用烧灼灭菌并冷却的接种环分别从枯草芽孢杆菌培养液中挑取少量菌液于水滴中，混匀后涂布成薄膜。

4.2　细菌涂片的干燥

涂好的载玻片可置于室温进行自然干燥，也可将涂面向上在酒精灯上方进行加热干燥，但应注意的是，涂片不可离火焰太近，以免造成菌体形态被破坏。

4.3 细菌涂片的固定

手持固定好的涂片一端，涂面朝上在酒精灯上方晃动 3 次，注意加热时间不可过长，以免造成菌体形状被破坏。

4.4 细菌涂片的染色

将涂片置于玻片架子上，滴加 1~2 滴孔雀绿染液于涂片上，染液刚好覆盖涂片上菌液薄膜为宜，在微火上加热至染液沸腾 10min。加热时注意需要不断补充孔雀绿染色液，避免干烧。

4.5 细菌涂片的水洗

倾去染液，用自来水或蒸馏水从载玻片一端轻轻冲洗，直到从涂片上流下的水为无色为止，在进行水洗操作时，不要用水流直接冲洗涂面，且水流不宜过急过大，以免造成薄膜脱落。

4.6 细菌涂片的干燥

自然干燥或者用吸水纸轻轻吸去涂片上的多余水分，或使用电吹风对涂片进行吹干。

4.7 细菌涂片的镜检

对涂片进行干燥后利用普通光学显微镜对细菌涂片进行镜检。

5 实验内容

对枯草芽孢杆菌进行芽孢染色，并绘图和描述菌体特征。

6 实验结果

在显微镜下观察枯草芽孢杆菌的菌体、芽孢囊和芽孢菌的形态特征并绘图。

7 思考与讨论

（1）芽孢染色中水的作用是什么？

（2）芽孢染色除了使用孔雀绿染色液外，还有哪些染色液可以进行芽孢染色？

（3）芽孢染色中加热的目的是什么？

实验八　海洋细菌的荚膜染色技术

1　实验目的

(1) 熟悉掌握荚膜染色的原理和意义。
(2) 理解并掌握荚膜染色的操作过程。
(3) 学会荚膜染色的操作。

2　实验原理

荚膜是包围在某些细菌细胞外的一层黏液状或胶质状物质，其成分为多糖、糖蛋白或多肽。荚膜与染料的亲和力弱，不易着色，荚膜物质可溶于水，用水冲洗时易被除去。因此，荚膜染色比较困难。通常采用负染色法观察荚膜，即使菌体和(或)背景染色，而荚膜不着色，这样荚膜在菌体周围呈一透明圈。此外，荚膜含水量在90%以上，故染色时一般不宜采用热固定的方法，以免荚膜皱缩变形影响观察。

常用的负染色方法有墨汁法和 Anthony 法。本实验介绍 Anthony 染色法观察荚膜。

3　实验材料

普通光学显微镜、肠膜状明串珠菌(*Leuconostoc mesenteroides*)培养液、结晶紫染色液、20%的硫酸铜溶液、接种环、酒精灯、香柏油、无菌水、二甲苯、擦镜纸等。

4　实验方法

4.1　细菌涂片的制作与染色

取一块洁净的载玻片，在无菌的条件下于载玻片一端滴加 2~3 滴结晶紫染液，用烧灼灭菌并冷却的接种环从肠膜状明串珠菌培养液中挑取少量菌液于水滴中混匀。然后取一块洁净的载玻片，用其窄边将混匀的菌液刮开涂成极薄的菌膜，并在室温下放置 5~7min (图 8-1)。

4.2　细菌涂片的干燥

涂好的载玻片可置于室温进行自然干燥。

4.3　细菌涂片的脱色

倾去染液，用 20%的硫酸铜溶液从载玻片一端轻轻冲洗，用吸水纸轻轻吸去涂片上的

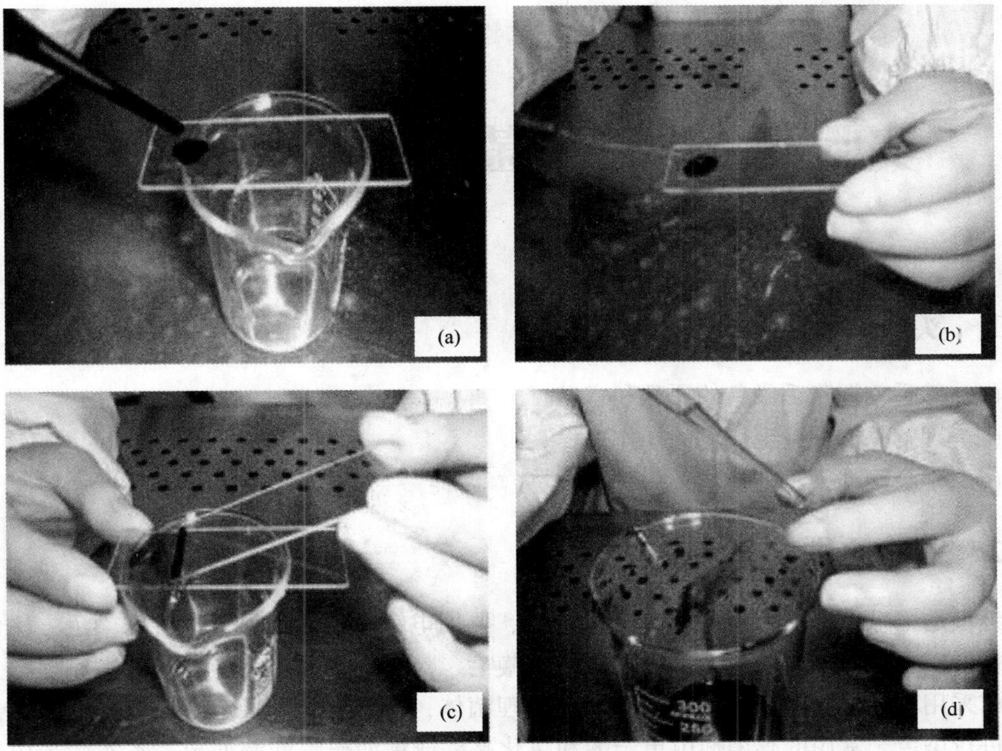

图 8-1　荚膜染色的操作示意图

多余水分，或使用电吹风对涂片进行吹干。

4.4　细菌涂片的镜检

对涂片进行干燥后利用普通光学显微镜对细菌涂片进行镜检。

5　实验内容

对肠膜状明串珠菌进行荚膜染色，并绘图和描述菌体特征。

6　实验结果

在显微镜下观察肠膜状明串珠菌的菌体、荚膜的形态特征并绘图。

7　思考与讨论

(1) 荚膜染色中硫酸铜溶液的作用是什么?
(2) 荚膜染色的意义是什么?
(3) 荚膜染色中可否用水替代硫酸铜溶液进行清洗?

实验九　海洋细菌的鞭毛染色技术

1　实验目的

（1）熟悉掌握鞭毛染色的原理和意义。

（2）理解并掌握鞭毛染色的操作过程。

（3）学会鞭毛染色的操作。

2　实验原理

细菌的鞭毛很细，直径一般为10~20nm，要用电镜观察。如果采用特殊染色方法使鞭毛加粗，则在普通光学显微镜下也可以看到鞭毛。鞭毛染色方法很多，其基本原理都是在染色前采用不稳定的胶体溶液作为媒染剂处理菌体，让其沉积在鞭毛上，使鞭毛加粗，然后再进行染色。常用的媒染剂由单宁酸和氯化高铁或钾明矾等配制而成。本实验采用银染色法进行鞭毛染色。

3　实验材料

普通光学显微镜、铜绿假单胞菌（*Pseudomonas aeruginosa*）培养液、硝酸银染液、接种环、酒精灯、香柏油、无菌水、二甲苯、擦镜纸、吸管、载玻片等。

4　实验方法

4.1　载玻片的清洗

选择新的光滑无划痕的载玻片，将载玻片浸泡于洗洁精充分溶解的水中，煮沸20min，稍冷后取出用自来水冲洗干净并沥干，然后浸泡于95%乙醇溶液中。用时取出，在酒精灯火焰上烧去酒精后即可使用。

4.2　硝酸银染液的配制

A液：单宁酸5g，$FeCl_3$ 1.5g，蒸馏水100mL，溶解后加入1% NaOH溶液1mL和15%甲醛溶液2mL。

B液：硝酸银2g，蒸馏水100mL。

B液配好后先取出10mL做回滴用。往90mL B液中滴加浓氢氧化氨溶液，当出现大量沉淀时再继续滴加浓氢氧化氨溶液，直到溶液中沉淀刚刚消失变澄清为止。然后将留用的

10mL B 液小心逐滴加入，直到出现轻微和稳定的薄雾为止，注意边滴加边充分摇荡，此步操作尤为关键，应格外小心。配好的染色液 4h 内效果最佳。

4.3 细菌涂片的制作

用吸管上端吸取上端的菌液置于洁净的载玻片一端，稍稍倾斜载玻片，使菌液缓慢地流向另一端。在空气中自然干燥。

4.4 细菌涂片的染色

（1）滴加 A 液，染色 4~6min。

（2）用蒸馏水或 B 液轻轻地充分洗净 A 液。

（3）用 B 液冲去残水，再加 B 液于载玻片上，在酒精灯微火上加热至有蒸汽冒出，维持 1min 左右。注意加热时应随时补充 B 液，不可使载玻片上 B 液蒸干。

（4）水洗和干燥。

4.5 细菌涂片的镜检

对涂片进行干燥后利用普通光学显微镜对细菌涂片进行镜检。

5 实验内容

用铜绿假单胞菌和普通变形杆菌进行鞭毛染色并于显微镜下观察，描述鞭毛着生方式和数目。

6 实验结果

在显微镜下观察铜绿假单胞菌的菌体、鞭毛的形态特征并绘图。

7 思考与讨论

（1）为何 A 液染色后要用无菌水或者 B 液清洗？

（2）鞭毛染色中的加热操作的意义是什么？

实验十　海洋放线菌的观察

1　实验目的

（1）熟悉掌握放线菌涂片的制作方法。

（2）理解并掌握放线菌的形态特征和繁殖方式。

2　实验原理

放线菌为丝状原核微生物，其菌体由菌丝体构成。放线菌的菌丝分为基内菌丝（也叫营养菌丝）、气生菌丝和孢子丝三种类型，最后由孢子丝通过横隔分裂等方式形成孢子。放线菌的孢子丝和孢子形态多样，孢子丝有直、波曲、钩状、轮生等多种，孢子形态有球形、椭圆形、杆状、圆柱形、瓜子状等。此外，孢子表面也会因种而异，有光滑、刺状、毛发状等。因此，放线菌的菌体形态是放线菌分类鉴定的重要依据。

3　实验材料

普通光学显微镜、培养皿、无菌滴管、镊子、灰色链霉菌（*Streptomyces griseus*）、天蓝色链霉菌（*Streptomyces coelicolor*）、接种环、酒精灯、香柏油、无菌水、二甲苯、擦镜纸等。

4　实验方法

4.1　水浸片的制作与观察

（1）取洁净载玻片，滴加 1 滴无菌水。

（2）用接种环挑取于 28～30℃下培养 3～4d 的放线菌菌体少许，置于载玻片无菌水水滴中。

（3）取洁净盖玻片 1 块，先将盖玻片一端与液面接触，然后轻轻放下，小心盖在液滴上，注意避免产生气泡。

（4）水浸片制好后，置于显微镜下先用低倍镜观察，再换高倍镜或油镜观察。

4.2　压片制作和观察

（1）制备单菌落平板：先在平板上进行划线接种，培养得到放线菌单菌落（平板划线接种见实验四）。

（2）挑取单菌落小块：用小刀挑取有单菌落的培养基一小块，放在洁净载玻片上。

（3）加盖玻片：用镊子取一块洁净的盖玻片在酒精灯火焰上稍微加热，然后将盖玻片盖在有单菌落的培养基小块上，并用镊子轻轻压几下，使菌落的菌体印在盖玻片上。

(4) 观察：将印有菌体的盖玻片放在洁净的载玻片上(有菌体的一面朝下)，用显微镜观察。

4.3 插片的制作和观察

(1) 倒平板：将高氏 1 号培养基熔化后于灭菌培养皿内倒入 15mL 左右培养基，凝固。

(2) 插片：将灭菌的盖玻片以 45°角斜插入培养基中，插入的深度为 1/2 或 1/3。

(3) 接种培养：用接种针将菌种接种在盖玻片与培养基相连接的沿线，于 28~30℃恒温培养箱中培养 6~15d。

(4) 观察：培养后菌丝体生长在培养基和盖玻片上，用镊子小心将盖玻片取出，轻轻擦去较差一面的菌体，放在载玻片上(有菌体的一面朝下)，镜检观察。

5 实验内容

(1) 将灰色链霉菌和天蓝色链霉菌平板置于显微镜下，用低倍镜观察灰色链霉菌和天蓝色链霉菌整体特征，然后制片观察并绘制及描述灰色链霉菌菌丝、孢子丝、孢子形态特征。

(2) 将天蓝色链霉菌平板置于显微镜下，用低倍镜观察天蓝色链霉菌整体特征，然后制片观察并绘制及描述细黄链霉菌菌丝、孢子丝、孢子形态特征。

6 实验结果

在显微镜下观察并绘制及描述灰色链霉菌和天蓝色链霉菌的菌丝、孢子丝、孢子形态特征。

7 思考与讨论

(1) 放线菌有别于细菌的形态特征是什么?

(2) 海洋放线菌的研究意义是什么?

(3) 如何挑取放线菌的菌丝?

实验十一 海洋酵母菌的观察

1 实验目的

(1) 熟悉并掌握酵母菌的个体形态、生长及繁殖方式。

(2) 理解并掌握鉴别酵母细胞死活的染色方法。

2 实验原理

酵母菌是单细胞真核微生物，细胞一般呈卵圆形、圆形、圆柱形或柠檬形。每种酵母菌细胞都有一定的形态和大小。由于酵母细胞核与细胞质有明显的分化，因此，酵母细胞通常比细菌大几倍到十几倍。酵母菌繁殖方式比较复杂，无性繁殖主要是出芽繁殖，少数酵母以裂殖方式繁殖。此外，有些酵母能形成假菌丝。有性繁殖是通过接合方式形成子囊及子囊孢子。因此，观察酵母菌个体形态时，应注意其细胞形状、无性繁殖是芽殖还是裂殖，芽体在母体细胞上的位置，有无假菌丝等特征，有性繁殖形成的子囊和子囊孢子的形状及数目。利用美蓝染色方法可以鉴别酵母细胞的死活。美蓝是一种无毒的弱氧化剂，其氧化型呈蓝色，还原后变为无色。用美蓝对酵母菌的活细胞进行染色时，由于细胞的新陈代谢作用，细胞内具有较强的还原能力，能使美蓝由蓝色的氧化型变为无色的还原型。因此，具有还原能力的酵母菌活细胞是无色的，而死细胞或代谢作用微弱的衰老细胞则呈蓝色或淡蓝色，借此即可对酵母菌的死细胞和活细胞进行鉴别，但实验时须严格控制染色时间。

3 实验材料

普通光学显微镜、海洋假丝酵母（*Candida albicans*）、酿酒酵母（*Saccharomyces cerevisiae*）、0.1%吕氏美蓝染色液、培养皿、无菌滴管、镊子、接种环、酒精灯、香柏油、无菌水、二甲苯、擦镜纸等。

4 实验方法

4.1 假丝酵母的形态观察

酵母细胞较大，观察时可不染色，用水浸片法观察，即在载片中央滴加一小滴无菌水，用无菌操作技术用接种环取酵母菌少许，置于无菌水中，使菌体与无菌水混合均匀，然后将盖玻片斜置轻轻盖在液滴上。先用低倍镜观察，再换高倍镜观察酵母细胞的形状及出芽方式。将产朊假丝酵母划线接种于麦芽汁平板上，并在划线处盖上盖玻片，于28℃培养2~

3d。滴加一滴无菌水或美蓝染色液于载玻片上，将盖玻片从平板上轻轻取下，斜置轻放盖在液滴上。用显微镜观察呈分枝状的假菌丝细胞形状及大小。

4.2 酵母子囊孢子的观察

将酿酒酵母接种于麦芽汁液体培养基中，28℃培养24h，如此连续转接3~4次使其生长良好，最后转接到醋酸钠斜面培养基上，25~28℃培养4~5d。用水浸片法制片观察或涂片后用芽孢染色法染色，观察子囊孢子形状、每个子囊内子囊孢子的数目。

4.3 酵母细胞的活性染色

取0.1%美蓝染色液1滴，置于载玻片中央。用接种环挑取待鉴别的酵母菌少许放在染色液中，轻轻混合均匀，染色3~5min，将盖玻片斜置轻轻盖在液滴上，用显微镜观察。另外，用美蓝液染色30min后再观察，注意死细胞数量是否增加。

5 实验内容

(1) 观察并绘制酿酒酵母和产朊假丝酵母个体形态及繁殖方式(包括出芽方式)，并比较其差异。

(2) 观察并绘制产朊假丝酵母的假菌丝分枝和假菌丝细胞形状。

(3) 观察并绘制酿酒酵母子囊孢子形状，观察每个子囊内子囊孢子的数目。

(4) 用美蓝染色法鉴别酿酒酵母死活细胞，并统计细胞死亡率。此外，通过实验分析美蓝染色时间对酵母细胞死活数量变化的影响。

6 实验结果

在显微镜下观察并绘制及描述海洋假丝酵母和酿酒酵母的形态特征。

7 思考与讨论

(1) 显微镜下观察的酵母菌的个体形态特征与细菌的个体形态特征有何不同?

(2) 美蓝染色液染色时间对酵母菌死活细胞数量有何影响?试对所得的实验结果进行分析和讨论。

实验十二　海洋霉菌的观察

1　实验目的

(1) 熟悉霉菌个体形态及无性孢子和有性孢子的形态。

(2) 学习并掌握霉菌的制片方法。

(3) 掌握霉菌的载玻片培养方法。

2　实验原理

霉菌为丝状真菌，基本构造是分枝或不分枝的菌丝。菌丝交织生长在一起形成菌丝体。菌丝在显微镜下观察时呈管状。低级的霉菌菌丝无横隔，菌丝内含有许多细胞核。比较高等的霉菌菌丝具有横隔，从而将菌丝隔成许多细胞。霉菌菌丝直径一般为2~10μm，比细菌直径和放线菌菌丝直径大几倍到十几倍。一般霉菌通过产生无性孢子及有性孢子的方式进行繁殖，无性孢子和有性孢子特征是霉菌分类鉴定的重要依据。同样，菌丝特征也是霉菌分类鉴定的依据之一。霉菌经制片后可用低倍或高倍镜观察其形态特征，在观察时要注意菌丝直径的大小、菌丝隔膜的有无、菌丝的特化形态(如营养菌丝、气生菌丝、匍匐菌丝、假根等)、无性繁殖或有性繁殖时形成的孢子类型、特征及着生方式等。

显微镜下观察霉菌形态有多种方法，最简便的方法是直接制片观察法，但由于霉菌菌体结构比较复杂，通常由菌丝特化形成各种各样的结构，采用直接制片法易破坏霉菌自然生长状态下的形态结构特征，不易观察到完整典型的形态特征，而采用载玻片培养法可以清晰地观察到菌体的完整特征。因此，载玻片培养法是研究霉菌形态特征的理想方法，并且还可随时用光学显微镜对霉菌进行观察，同时也是研究霉菌生长全过程的一种有效方法。注意由于霉菌的菌丝体较粗大，而且孢子容易飞散，如将菌丝体置于水中容易变形，所以制片时将其置于乳酸石炭酸溶液中，可保持菌丝体原形，使细胞不易干燥，并兼有杀菌作用。必要时，还可用树胶封固，制成永久标本长期保存。

本实验介绍直接制片法和载玻片培养法观察霉菌形态。

3　实验材料

普通光学显微镜、米根霉菌(*Rhizopus oryzae*)、黑曲霉菌(*Aspergillus niger*)、产黄青霉菌(*Penicillium chrysogenum*)(均为平板培养物)、乳酸石炭酸液、灭菌培养皿、无菌滴管、水浴锅、灭菌U形玻璃棒、灭菌滤纸(ϕ90mm)、灭菌培养皿(ϕ90mm)、灭菌吸管、镊子、接种环、酒精灯、香柏油、无菌水、二甲苯、擦镜纸等。

4 实验方法

4.1 直接制片法观察霉菌形态

（1）观察霉菌时，首先在低倍镜下直接观察霉菌平板培养物，了解霉菌繁殖结构的初步特征。

（2）取一干净的载玻片，在其中央滴一滴乳酸石炭酸液，用接种钩挑取少量菌体于乳酸石炭酸液滴中，然后将盖玻片斜置轻轻盖在液滴上。镜检观察，先用低倍镜，再换高倍镜观察。

4.2 根霉菌的形态观察

根霉菌菌丝无横隔，只有在匍匐菌丝上形成厚垣孢子时才形成横隔。根霉菌的营养菌丝特化形成匍匐菌丝向四周蔓延，并由匍匐菌丝生出假根伸向培养基，与假根相对方向上生长出孢囊梗，在其顶端形成孢子囊，内生孢囊孢子。孢子囊成熟后破裂，孢子囊的囊轴明显呈球形或近似球形。囊轴基部与柄相连形成囊托。

（1）将根霉菌平板培养物置于显微镜下，用低倍镜观察孢囊梗、孢子囊、假根等形态。

（2）制片置于显微镜下观察菌丝有无隔膜和分枝、假根、匍匐菌丝、孢子囊、孢囊梗、囊轴、囊托、孢子形状和颜色等特征。

4.3 曲霉菌的形态观察

曲霉菌的菌丝体由具横隔的分枝菌丝构成，无色或有明亮的颜色。分生孢子梗是从特化了的厚壁而膨大的菌丝细胞(足细胞)生出，并略垂直于足细胞的长轴。分生孢子梗大多无横隔，常在顶部膨大成可孕的顶囊，顶囊表面产生小梗，放射生出。分生孢子自小梗顶端相继形成，最后成为不分枝的孢子链。由顶囊、小梗以及分生孢子链构成分生孢子头，具有各种不同的颜色和形状，如球形、放射形、棍棒形或直柱形等。

（1）将曲霉菌平板培养物置于显微镜下，用低倍镜观察分生孢子头和分生孢子链特征。

（2）制片置于显微镜下观察菌丝有无隔膜和分枝、分生孢子着生情况、分生孢子形态及颜色、顶囊特征、小梗排列方式和形态特征。

4.4 青霉菌的形态观察

青霉菌的营养菌丝为无色、淡色或鲜明的颜色，具横隔，气生菌丝呈密毡状、松絮状或部分结成菌丝索。分生孢子梗由埋伏型或气生型菌丝生出，稍垂直于该菌丝，其先端生有扫帚状的分枝轮称为帚状枝。帚状枝是由单轮或二次到多次分枝系统构成，对称或不对称，最后一级分枝产生孢子的细胞称为小梗。着生小梗的细胞称为梗基，支持梗基的细胞称为副枝。小梗用断离法产生分生孢子，形成不分枝的链。

（1）将青霉菌平板培养物置显微镜下，用低倍镜观察分生孢子穗(帚状)和分生孢子链特征。

（2）制片置于显微镜下观察菌丝有无隔膜和分枝、分生孢子着生情况、分生孢子形态及颜色、分生孢子梗、帚状枝、大梗、小梗等特征。

4.5 载玻片培养法观察霉菌形态

（1）在灭菌的培养皿底铺一张灭菌圆形滤纸，放上一根灭菌 U 形玻璃棒，在棒上搁置一片灭菌的载玻片(图 12-1)。

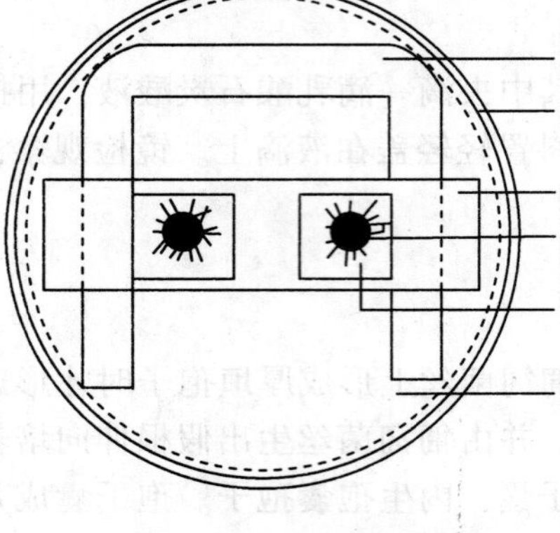

图 12-1 霉菌载片培养示意图

（2）用接种环挑取少量待观察的孢子于载玻片的适当位置。为充分利用载玻片，每张载玻片可接两处。

（3）将熔化并冷却至 50℃左右的 Sabouraud 琼脂培养基用无菌吸管吸取少量滴在接种后的载玻片上，凝固。注意培养基滴加量要少，外形应圆而薄(直径约 5mm)。

（4）用无菌镊子将灭菌的盖玻片分别盖在凝固后的两处培养基上，然后用镊子轻轻压几下。注意载玻片培养时盖玻片不能紧贴载玻片，要彼此有极小缝隙。一是为了通气，二是使各部分结构平行排列，易于观察。

（5）在培养皿底部的滤纸上加入适量灭菌水，以保证培养皿内适宜湿度。盖上培养皿盖后置于 28℃恒温培养箱中培养。

（6）根据观察的要求，培养一定时间后将载玻片上的培养物置显微镜下观察。

5 实验内容

（1）观察并绘制及描述米根霉菌丝、孢囊梗、囊轴、囊托、孢子囊、假根、匍匐菌丝形态特征。

（2）观察并绘制及描述黑曲霉菌丝、分生孢子头、分生孢子链、分生孢子着生情况，分生孢子形态及颜色，顶囊、小梗排列方式等特征。

（3）观察并绘制及描述产黄青霉菌丝、分生孢子穗、分生孢子链、分生孢子着生情况，分生孢子形态及颜色，分生孢子梗、帚状枝、大梗、小梗等特征。

6 实验结果

在显微镜下观察并绘制及描述米根霉菌、产黄青霉菌和黑曲霉菌的形态特征。

7 思考与讨论

（1）载玻片培养法中使用U形玻璃棒和在培养皿底部的滤纸上加入适量灭菌水的目的是什么？除了加灭菌水之外，还可以加入什么溶液？

（2）载玻片培养还适宜培养哪类微生物进行形态观察？

（3）为什么载玻片培养所用的材料均要灭菌？

实验十三　海洋细菌的平板菌落计数法

1　实验目的

（1）掌握平板菌落计数法的原理。

（2）学习平板菌落计数法。

2　实验原理

在生产和科研工作中，不仅要测定研究待分析样品（如水、培养液、食品、药品制剂）中含菌量，往往还需计测样品中的活菌量。平板菌落计数法是计测样品中的活菌量的常用方法。

平板菌落计数法是根据在固体培养基上形成的一个菌落是由一个单细胞繁殖而成的肉眼可见的子细胞群体这一微生物的培养特征而设计的一种计数方法。将待测样品精确地进行系列稀释，使微生物分散，并以单细胞存在，再用一定量的稀释菌液涂布于平板上或用倾注法制成含菌平板，培养后，每一个活细胞即能形成一个菌落，统计菌落的数目，即可计算出样品中含有的活菌数量。由于用此法计算出的菌数是培养基上生长出的菌落数，不包括死菌，故此法又称为活菌计数法。

3　实验材料

培养 24~48h 的大肠杆菌（*Escherichia coli*）肉汤培养液、营养琼脂培养基、超净工作台、水浴锅、5mL 无菌吸管、0.5mL 或 1mL 无菌吸管、无菌带塞试管、无菌培养皿、无菌生理盐水、酒精灯、试管架、计数器。

4　实验方法

4.1　熔化制备计数用培养基

先将营养琼脂培养基熔化，然后保温于 50℃的恒温水浴锅中。

4.2　对试管进行编号

取 7 支无菌带塞试管，依次编号为 10^{-1}、10^{-2}、10^{-3}……10^{-7}；取 9 只无菌培养皿，依次编号为 10^{-5}、10^{-6}、10^{-7}，每个稀释度 3 套。

取一干净的载玻片，在其中央滴一滴乳酸石炭酸液，用接种钩挑取少量菌体于乳酸石炭酸液滴中，然后将盖玻片斜置轻轻盖在液滴上。镜检观察，先用低倍镜，再换高倍镜观察。

4.3 无菌水的分装

用 5mL 移液管分别精确吸取 4.5mL 无菌生理盐水于已编号的各无菌试管中。

4.4 培养液的稀释

用 0.5mL 或 1mL 无菌吸管准确地吸取 0.5mL *Escherichia coli* 菌悬液(注意吸取前摇动菌液使其充分混匀)放入 10^{-1}试管中(注意吸管尖不要接触到液面，否则稀释不精确，结果误差较大)，此即为 10 倍稀释液(10^{-1})；将 10^{-1}试管中菌液充分混匀，另取一支无菌吸管插入 10^{-1}试管中反复地吸取菌悬液三次，进一步将菌体分散混匀并吸取 0.5mL 菌液至 10^{-2}试管中，此即为 100 倍稀释(10^{-2})。重复上述操作，直至制成 10^{-7}稀释液(图 13-1)。

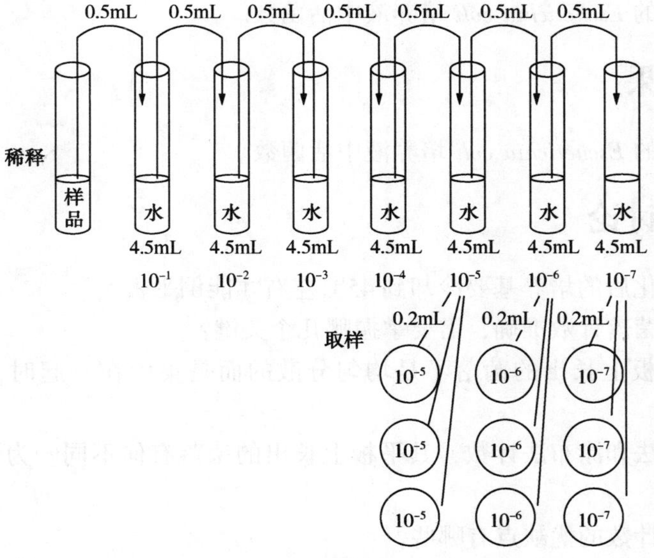

图 13-1　菌液稀释过程示意图

4.5 固体培养基的使用和培养

立即向上述盛有不同稀释度菌液的平皿中倒入熔化后冷却至 45℃左右的营养琼脂培养基 10~15mL，迅速旋转培养皿使培养基和稀释液充分混合，水平放置，凝固。含菌平板完全凝固后置于 37℃恒温培养箱中倒置培养。

4.6 菌落计数

培养 48h 后取出平板利用计数器计数。若平板上菌落比较多，可在皿底划分若干区域后再计数。

4.7 待测样品活菌量计算

一般选择平均菌落数在 30~300 之间的稀释度计算较为合适，算出同一稀释度三个平板上的菌落平均数，并按下列公式计算：

每毫升菌液菌落形成单位(CFUs/mL)＝同一稀释度三次重复的平均菌落数×稀释倍数×5，计算待测样品活菌量时需说明几点：

(1) 同一稀释度三个重复对照的菌落数不应相差很大，否则表示实验不准确。实际工作中同一稀释度重复不能少于三个，这样便于数据统计，减少误差。

(2) 由 10^{-5}、10^{-6}、10^{-7} 三个稀释度计算出的每毫升中菌落形成单位也不应相差太大。

(3) 有两个重复菌落数在30~300间时按两者菌落总数比值决定：若比值小于2，取平均；若比值大于2，取较少的菌落总数。

(4) 所有稀释度的菌落数均大于300时，则应以稀释度最高的平板菌落数计算。

5 实验内容

测定培养48h的 *Escherichia coli* 培养液中活菌数。

6 实验结果

测定培养48h的 *Escherichia coli* 培养液中活菌数。

7 思考与讨论

(1) 为什么熔化后的培养基要冷却到45℃左右才能倒平板？

(2) 要使平板菌落计数准确，需要掌握哪几个关键？

(3) 当你的平板上长出的菌落不是均匀分散的而是集中在一起时，你认为问题出在哪里？

(4) 用倒平板法和涂布法计数，其平板上长出的菌落有何不同？为什么要培养长时间(48h)后观察结果？

(5) 平板菌落计数的优缺点有哪些？

实验十四　海洋细菌生长曲线的测定

1　实验目的

（1）掌握细菌生长曲线的基本特征及测定原理。

（2）学会利用细菌培养液浊度间接测定细菌生长及绘制细菌生长曲线的方法。

（3）学会利用细菌生长曲线计算代时。

2　实验原理

微生物的生长一般不以细胞的大小变化表示，而是以其繁殖，即群体生长作为微生物生长的指标。

微生物生长曲线是定量描述微生物群体生长规律的一条实验曲线。测定微生物生长曲线的方法是将少量菌种接种到一定体积的液体培养基中，在适宜的温度和通气等条件下培养，菌体就会迅速增殖。在培养过程中定时取样测定菌体生长量，最后以培养时间为横坐标、以菌体数目的对数值为纵坐标绘制一条微生物生长曲线。微生物的典型生长曲线为单细胞微生物（如细菌、酵母菌）的生长曲线，由延滞期、对数期、稳定期和衰亡期四个阶段组成。

菌体生长的测定方法有平板菌落计数法、测量生物量方法（如干重法）等多种方法。在发酵生产和科研工作中常采用间接测定法——比浊法测定培养菌液 OD 值，这一方法对于菌体生长曲线的测定十分方便。本实验以大肠杆菌和枯草芽孢杆菌为材料，采用比浊法测定两种细菌生长曲线。

3　实验材料

37℃振荡培养 5～10h（对数期）的大肠杆菌（*Escherichia coli*）和枯草芽孢杆菌（*Bacillus subtilus*）菌液（OD_{600} = 1.0～1.2）、肉汤培养基（添加 3% 葡萄糖）、摇床、分光光度计、500mL 三角瓶、5mL 无菌移液管数支、试管（15mm×150mm）、比色皿、酒精灯。

4　实验方法

4.1　大肠杆菌生长曲线的测定

（1）用无菌移液管吸取 5mL 大肠杆菌菌液接入装有 100mL 肉汤培养基的三角瓶中，摇匀后于 37℃条件下振荡培养，转速 200r/min。

（2）每隔 30min 取 3mL 培养的菌液，于分光光度计上测 OD_{600}，以蒸馏水作对照。注意接种后零时刻也取样测 OD_{600}。开始测量时先不稀释，当 OD_{600}>1.5 时，适当稀释使 OD_{600} 在 0.5~1.5 之间。要求固定参比杯，不要调动波长旋钮，固定使用同一台分光光度计。

（3）以培养时间作横坐标、以大肠杆菌培养液 OD_{600} 为纵坐标在半对数坐标纸上描点绘图。

4.2 枯草芽孢杆菌生长曲线的测定

用无菌移液管吸取 5mL 枯草芽孢杆菌菌液接入装有 100mL 肉汤培养基的三角瓶中，摇匀后于 37℃条件下振荡培养，转速 200r/min。其余方法同大肠杆菌生长曲线的测定方法。

5 实验内容

（1）采用比浊法测定大肠杆菌生长曲线。

（2）采用比浊法测定枯草芽孢杆菌生长曲线。

6 实验结果

以培养时间为横坐标，以 OD_{600} 为纵坐标，在半对数坐标纸上描点绘图表示大肠杆菌和枯草芽孢杆菌的生长曲线。

7 思考与讨论

（1）为什么可采用比浊法来表示细菌的相对生长状况？

（2）生长曲线中为什么会出现延滞期、稳定期和衰亡期？

（3）什么是代时？可用生长曲线中的任何时期计算吗？为什么？

（4）比较大肠杆菌和枯草芽孢杆菌生长曲线的特征，说明什么？

实验十五　海洋细菌的生理生化反应

1　实验目的

(1) 了解生理生化反应在细菌分类鉴定中的重要性。

(2) 掌握细菌分类鉴定中常用的生理生化反应及其原理。

(3) 学会常用生理生化反应的测定方法、结果判定及其意义。

2　实验原理

各种细菌由不同的酶系组成，从而表现出对某些物质(含碳化合物、含氮化合物等)的分解利用情况不同，代谢产物也不同，说明细菌具有代谢类型的多样性。因此，在细菌分类鉴定中除了将其形态特征(个体形态和群体形态)作为分类鉴定的依据外，还要进行生理特性和生化反应的测定，将细菌的形态特征和生理生化特征相结合进行分类鉴定。

细菌的生理特性和生化反应包括：营养要求(碳源、氮源、能源和生长因子等)、代谢产物特征(种类、颜色和显色反应等)、酶(产酶种类和反应特性等)、生长的温度、需氧的程度等。本实验介绍细菌分类鉴定中常用的生理生化反应——糖发酵实验和 IMViC 实验。

糖发酵实验：不同细菌分解利用糖的能力不同，有的能利用，有的不能利用，能利用者，有的产酸又产气，有的只产酸而不产气。因此，将细菌利用糖表现出是否产酸产气作为细菌分类鉴定的依据。观察是否产酸可在发酵培养基中加入指示剂溴甲酚紫(其 pH 值在 5.2 以下呈黄色，在 6.8 以上呈紫色)，培养后根据指示剂的颜色变化来判断。观察是否产气可在发酵培养基中倒置放入杜氏小套管，培养后观察倒置小管中有无气泡。

IMViC 实验是由吲哚实验(I)、甲基红实验(M)、VP(Voges-Proskauer)实验(Vi)和柠檬酸盐利用实验(C)组成的一个系统，主要用于鉴别肠杆菌科各个菌属，尤其用于大肠埃希氏菌和产气肠杆菌的鉴别。

吲哚实验：某些细菌具有色氨酸酶，能分解蛋白胨中的色氨酸生成吲哚。吲哚可与对二甲基氨基苯甲醛结合形成红色化合物——玫瑰吲哚，因此，吲哚反应呈红色者为阳性，无变化者则为阴性。

甲基红实验：某些细菌分解葡萄糖产生丙酮酸，丙酮酸进一步分解产生乳酸、甲酸、乙酸等。由于分解葡萄糖产生大量有机酸，使培养基 pH 值降至 4.5 以下，加入酸性指示剂甲基红即显红色。有些细菌如产气肠杆菌分解葡萄糖产生的酸量很少，或将产生的酸进一步转化为醇、醛或酮等物质，培养基的 pH 值仍在 5.4 以上，加入指示剂甲基红则呈黄色。因此，甲基红实验呈红色者为阳性，呈黄色者为阴性。

VP 实验：某些细菌在葡萄糖蛋白胨培养基中分解葡萄糖产生丙酮酸，丙酮酸进一步缩合、脱羧形成乙酰甲基甲醇。乙酰甲基甲醇在强碱条件下被空气中的 O_2 氧化为二乙酰，二乙酰与蛋白胨中的胍基化合物发生反应生成红色产物。因此，VP 实验呈红色反应者为阳性，无红色反应者为阴性。

柠檬酸盐利用实验：柠檬酸盐培养基不含任何糖类，柠檬酸盐为唯一碳源，磷酸二氢铵为唯一氮源。如果细菌能利用柠檬酸盐为唯一碳源，利用铵盐为唯一氮源，则可在柠檬酸盐培养基上生长。分解柠檬酸盐，使培养基变碱性，从而使培养基中的指示剂溴麝香草酚蓝由绿色变为深蓝色。因此，柠檬酸盐实验培养基上有细菌生长，并且培养基变为深蓝色为阳性，而无细菌生长，培养基颜色不变仍为绿色者为阴性。

3 实验材料

大肠杆菌（*Escherichia coli*）、产气肠杆菌（*Enterobacter aerogenes*）、普通变形杆菌（*Proteus vulgaris*）、枯草芽孢杆菌（*Bacillus subtilis*）、糖发酵培养基（葡萄糖、乳糖和蔗糖）、蛋白胨水培养基、葡萄糖蛋白胨水培养基、柠檬酸盐培养基、吲哚试剂、甲基红试剂、40% NaOH 溶液、肌酸、1.6%溴甲基酚紫指示剂、超净工作台、恒温培养箱、高压灭菌锅、试管、移液管、杜氏小套管、接种环、酒精灯、牙签。

4 实验方法

4.1 糖发酵实验

（1）糖发酵培养基的配制、分装和灭菌：分别配制含葡萄糖、乳糖和蔗糖的糖发酵液体培养基，分装于试管中并灭菌。培养基配方见附录 3。培养基配制、分装、灭菌方法参见实验三，注意分装时将杜氏小套管倒置放入试管中。

（2）试管标记：取分别装有葡萄糖、蔗糖和乳糖发酵培养液的试管各 5 支，每种糖发酵试管上均分别标记大肠杆菌、产气肠杆菌、普通变形杆菌、枯草芽孢杆菌和空白对照。

（3）接种培养：以无菌操作技术接种少量上述各菌至各自对应的试管中，注意每种糖发酵培养液的空白对照均不接种菌。摇匀后置于 37℃ 恒温培养箱中培养 24h、48h、72h，观察结果。

（4）观察记录：观察结果时，与空白对照比，若接种培养液中没有细菌生长或有细菌生长但培养液保持原有颜色，反应结果为阴性，记为“-”，表明该菌不能利用该种糖生长或虽然可利用该种糖但发酵不产酸；若接种培养液呈黄色，但培养液中杜氏小套管内没有气泡，反应结果为阳性，记为“+”，表明该菌能分解该种糖，只产酸不产气；若接种培养液呈黄色，并且培养液中杜氏小套管内有气泡，为阳性反应，记为“++”，表明该菌分解该种糖产酸又产气。

4.2 IMViC 实验

4.2.1 吲哚实验

（1）蛋白胨水培养基的配制、分装和灭菌：配制蛋白胨水培养基，分装于试管中并灭菌。培养基配方见附录 3。培养基配制、分装、灭菌方法参见实验三。

（2）试管标记：取装有蛋白胨水培养液试管 4 支，分别标记大肠杆菌、产气肠杆菌、普通变形菌和空白对照。

（3）接种培养：以无菌操作技术接种少量上述各菌至各自对应的试管中，空白对照不接种菌。摇匀后置于 37℃ 恒温培养箱中培养 24~48h。

（4）观察记录：培养结束后沿试管壁缓慢加入吲哚试剂，注意不要摇动试管，使试剂浮于培养物上层，若有吲哚存在，则两液面交界处呈红色为阳性，记为"+"；若无变化则为阴性，记为"－"。

4.2.2 甲基红实验

（1）葡萄糖蛋白胨水培养基的配制、分装和灭菌：配制葡萄糖蛋白胨水培养基，分装于试管中并灭菌。培养基配方见附录 3。培养基配制、分装、灭菌方法参见实验三。

（2）试管标记：取装有葡萄糖蛋白胨水培养液试管 4 支，分别标记大肠杆菌、产气肠杆菌、普通变形杆菌和空白对照。

（3）接种培养：以无菌操作技术接种少量上述各菌至各自对应的试管中，空白对照不接种菌。摇匀后置于 37℃ 恒温培养箱中培养 18~24h。

（4）观察记录：培养结束后沿试管壁缓慢加入甲基红指示剂，仔细观察培养液上层，注意不要摇动试管，若培养液上层变为红色为阳性反应，记为"+"；若仍呈黄色则为阴性反应，记为"－"。

4.2.3 VP 实验

（1）葡萄糖蛋白胨水培养基的配制、分装和灭菌：同甲基红实验。

（2）试管标记：同甲基红实验。

（3）接种培养：以无菌操作技术接种少量上述各菌至各自对应的试管中，空白对照不接种菌。摇匀后置于 37℃ 恒温培养箱中培养 24~48h。

（4）观察记录：培养结束后，另取 4 支洁净的空试管并分别标记大肠杆菌、产气肠杆菌、普通变形杆菌和空白对照，分别加入 3~5mL 各菌的培养液，再加入 40% NaOH 溶液 10~20 滴，并用牙签挑入约 0.5~1mg 肌酸，振荡试管使空气中的氧气溶入，然后放在 37℃ 恒温培养箱中保温 15~30min。若培养液呈红色为阳性反应，记为"+"；若不呈红色则为阴性反应，记为"－"。

4.2.4 柠檬酸盐利用实验

（1）柠檬酸盐斜面培养基的配制、分装和灭菌：配制柠檬酸盐斜面培养基，并灭菌。培养基配方见附录。

（2）试管标记：取柠檬酸盐斜面 4 支，分别标记大肠杆菌、产气肠杆菌、普通变形菌和空白对照。

（3）接种培养：以无菌操作技术划线接种上述各菌至各自对应的斜面上，空白对照不接种菌。置于 37℃ 恒温培养箱中培养 1~4d。

（4）观察记录：培养期间每日进行观察。观察结果时，与空白对照比，若培养基斜面上有细菌生长，并且培养基变为深蓝色为阳性，记为"+"；若无细菌生长，培养基颜色不变仍保持绿色则为阴性，记为"－"。

5 实验内容

（1）分别配制含葡萄糖、乳糖和蔗糖的糖发酵培养基，灭菌后接种大肠杆菌、产气肠杆菌、普通变形杆菌和枯草芽孢杆菌，培养后比较4种菌的糖发酵实验结果。

（2）配制蛋白胨水培养基，灭菌后接种大肠杆菌、产气肠杆菌和普通变形杆菌，培养后比较3种菌的吲哚实验结果。

（3）配制葡萄糖蛋白胨水培养基，灭菌后接种大肠杆菌、产气肠杆菌和普通变形杆菌，培养后比较3种菌的甲基红实验结果。

（4）配制葡萄糖蛋白胨水培养基，灭菌后接种大肠杆菌、产气肠杆菌和普通变形杆菌，培养后比较3种菌的VP实验结果。

（5）配制柠檬酸盐斜面培养基，灭菌后接种大肠杆菌、产气肠杆菌和普通变形杆菌，培养后比较3种菌的柠檬酸盐利用实验结果。

6 实验结果

测定大肠杆菌、产气肠杆菌、普通变形杆菌和枯草芽孢杆菌的糖发酵和IMViC实验结果。

7 思考与讨论

（1）在VP反应中加入NaOH溶液和肌酸，它们的作用是什么？

（2）细菌生理生化反应实验中为什么要设对照？

（3）现分离到一株肠道细菌，试利用细菌生理生化反应设计一个实验方案对其鉴别。

实验十六　海洋细菌的分离及鉴定

1　实验目的

（1）掌握从海水等样品中分离细菌的原理和方法。
（2）理解海洋细菌的培养条件，掌握海洋细菌培养的方法。
（3）学习形态学和分子生物学特性在海洋细菌鉴定中的应用。

2　实验原理

海洋独特的自然条件养育了多种多样的微生物，已知的包括海洋细菌、海洋真菌和海洋病毒等。海洋微生物不仅对于海洋环境的物质稳态和生态平衡具有重要的维持作用，也是当今新型资源菌株和活性物质的潜在来源。细菌是海洋微生物的重要组成部分，属于原核生物，个体微小，直径大小为0.5~5μm，一般只在显微镜下才能够看到。目前，对于近岸区域海水样品中细菌的分离最常采用的是梯度稀释法或滤膜过滤法，将细菌浓缩在滤膜上进行分离培养。

海洋中细菌种类复杂繁多，所需要的生长条件和物质营养需求各异，因此，很难在同一条件下使海洋中的所有细菌都生长。目前，通常采用的细菌培养方法为使用2216E培养基在28~37℃进行细菌培养。

海洋细菌的鉴定主要包括两大类：形态学鉴定和分子生物学特征鉴定。形态学鉴定是指观察细菌形成的菌落状况，通常细菌形成的菌落比较小，多呈透明、浅白或较淡的颜色，菌落表面光滑黏稠或粗糙干燥。分子生物学方法主要依据广泛存在于原核生物细胞中的16S rRNA来鉴定。结合PCR技术的灵敏性和16S rRNA序列恒定区的保守性可实现对细菌的鉴别。不同种属细菌的16S rRNA可变区序列各不相同，利用其可以实现细菌种类的鉴定。

3　实验材料

海水、2216E固体和液体培养基、TAE电泳缓冲液、DNA相对分子质量标准、GelGreen核酸染料、0.45μm水系滤头、琼脂糖、2×TaqMaster Mix扩增试剂、无菌培养皿、无菌水、灭菌过滤器、接种环、灭菌三角瓶、恒温振荡器、PCR仪、离心管、核酸电泳系统。

4　实验方法

4.1　海水中细菌的分离培养

（1）将无菌的0.45μm水系滤头安装在过滤器上，连接到真空抽滤设备上，将50mL海水注入过滤器进行真空过滤，过滤结束后在无菌条件下将过滤器取下，用灭菌镊子将滤膜取出，贴在2216E固体培养基上，置于37℃恒温培养箱中培养。

（2）培养24h后，取出培养皿进行观察，可见有不同颜色和形状的菌落，利用烧灼灭菌的接种环挑取多个不同菌落，分别在2216E固体培养基上划线培养，并做好标记。

4.2 海洋细菌的鉴定

（1）取出划线平板进行观察，观察并记录菌落大小、形状、颜色、透明度、湿润度和菌落边缘光滑情况等菌落特征。

（2）挑取标记好的不同菌落，分别用接种环挑取少许菌落接种于2216E液体培养基中，置于37℃恒温振荡培养箱中培养24h。

（3）分别吸取1μL菌液，依次加入0.5μL上游引物、0.5μL下游引物、10μL 2×Taq-Master Mix扩增试剂和8μL无菌水混匀，按照如下条件进行PCR扩增，94℃变性30s，56℃退火30s，72℃延伸1min（40个循环）；72℃延伸5min。

（4）将反应好的PCR产物按照标记的顺序在1.5%的琼脂糖凝胶电泳中进行电泳，利用凝胶回收试剂盒对有目标条带的PCR产物进行回收后送测序。

5 实验内容

（1）从海水中分离纯化海洋细菌。

（2）采用16S rRNA通用引物对海洋细菌进行鉴定。

6 实验结果

（1）分离海洋细菌，观察并记录菌落大小、形状、颜色、透明度、湿润度和菌落边缘光滑情况等菌落特征。

（2）对分离出的海洋细菌进行鉴定。

7 思考与讨论

（1）是否可通过该实验得知你那个培养海水中含有的全部细菌？原因是什么？

（2）利用16S rRNA对细菌进行鉴定的依据是什么？

实验十七　海洋细菌基因组 DNA 的提取

1　实验目的

（1）掌握海洋细菌基因组 DNA 提取的原理。

（2）学习并掌握海洋细菌基因组 DNA 提取的方法。

2　实验原理

基因组 DNA 是生物全部遗传信息的总和。制备基因组 DNA 的方案依据生物特性不同而有差异（如生物体为单细胞或组织，是否含有细胞壁）。大肠杆菌是目前为止研究较为清楚的原核细胞之一。基因组 DNA 提取包括 3 个主要步骤：①裂解大肠杆菌细胞；②利用酶法或化学法去除样品中的 RNA、蛋白、多糖等大分子杂质；③通过异丙醇和乙醇清洗沉淀得到纯的总基因组 DNA。

若要获得纯度更高的 DNA，可用饱和酚、酚、氯仿、异戊醇和蛋白酶处理，除去基因组 DNA 中的蛋白和部分 RNA，用 RNase 除去残留的 RNA。基因组 DNA 的纯度和浓度可通过 NanoDrop 测定 DNA 溶液的 OD_{260}和 OD_{280}来进行估算。纯 DNA 的 OD_{260}/OD_{280}的值为 1.8，纯 RNA 的 OD_{260}/OD_{280}的值为 20。如果核酸样品 OD_{260}/OD_{280}的值降低，就说明样品可能有蛋白或酚污染。

3　实验材料

37℃振荡培养 5~10h（对数期）的灿烂弧菌（*Vibrio Splendidus*）菌液（OD_{600} = 1.0~1.2）、分光光度计、500mL 三角瓶、5mL 无菌移液管数支、无水乙醇、细菌基因组提取试剂盒（Takara）、试管（15mm×150mm）、玻璃比色皿、酒精灯。

4　实验方法

（1）用 2mL 离心管收集 1.0×10^9（1mL 菌液 OD_{600}为 1~1.5）的细菌培养物 12000×g 离心 30s，弃尽上清液。用 150μL 已加入 RNase A 的 Buffer S 悬浮沉淀。

＊确认 RNase A 已加入 Buffer S 中。

＊悬浮需均匀，不应留有小的菌块，否则将影响溶菌效果。

（2）加入 20μL 溶菌酶贮存液，混合均匀，室温静置 5min。

（3）加入 30μL 0.25mol/L EDTA（pH 8.0），混合均匀，冰浴 5min。

（4）加入 450μL Buffer G-A，旋涡振荡 15s，65℃水浴 10min。

（5）加入 400μL Buffer G－B 和 1mL Buffer DV（4℃预冷），用力混合，12000×g 离心 2min。

＊请在实验前按照实验准备步骤 2 内容，准备 Buffer DV。

（6）尽可能丢弃上相，保留相间沉淀和下相。加入 1mL 4℃预冷 Buffer DV，用力混合，12000×g 离心 2min。

（7）丢弃上相，将下相转移至滤器（滤器置于 2mL 离心管中）。12000×g 离心 1min。

＊上相无须完全弃尽，在转移无色下相时偶有混入的上相，可在洗液头内迅速分相，便于丢弃。

＊如在转移过程中吸入少量界面沉淀，不必去除，可过滤除去。

＊有色上相务必除尽，否则将抑制 DNA 结合到基质膜上。

（8）弃滤器，在滤液中加入 400μL Buffer BV，混合均匀。

（9）将制备管置于 2mL 离心管中，将步骤 8 中的混合液移入制备管中，12000×g 离心 1min。

（10）弃滤液，将制备管置回到原 2mL 离心管中，加入 500μL Buffer W1，12000×g 离心 1min。

（11）弃滤液，将制备管置回到原 2mL 离心管中，加入 700μL Buffer W2，12000×g 离心 1min。以同样的方法再用 700μL Buffer W2 洗涤一次。

＊确认在 Buffer W2 concentrate 中已按试剂瓶上指定的体积加入无水乙醇。

＊两次用 Buffer W2 冲洗能确保盐分被完全清除，消除对酶切反应的影响。

（12）弃滤液，将制备管置回到原 2mL 离心管中，12000×g 离心 1min。

（13）将制备管置于另一洁净的 1.5mL 离心管中，在 silica 膜中央加 100～200μL Eluent 或去离子水，室温静置 1min。12000×g 离心 1min 洗脱 DNA。

＊将去离子水或 Eluent 加热至 65℃能提高洗脱效率。

（14）吸取 5μL DNA 溶液进行琼脂糖凝胶电泳，检测 DNA 的纯度和提取质量，利用 NanoDrop 测定 DNA 溶液的 OD_{260}/OD_{280}，估算 DNA 的纯度和浓度。

5　实验内容

（1）采用细菌基因组 DNA 提取试剂盒提取灿烂弧菌的基因组 DNA。

（2）利用核酸电泳对提取的基因组 DNA 进行纯度分析。

6　实验结果

利用核酸电泳分析提取的基因组 DNA 的纯度。

7　思考与讨论

（1）提取细菌基因组 DNA 时应该注意哪些事项？

（2）哪些步骤对于基因组 DNA 提取的效果有重要影响？

实验十八　海洋酵母菌的分离及鉴定

1　实验目的

(1) 掌握从海水等样品中分离酵母菌的原理和方法。
(2) 掌握海洋酵母菌的培养方法。
(3) 学习形态学和分子生物学特性鉴定海洋酵母菌。

2　实验原理

酵母菌属于真菌，是高等单细胞真核微生物，细胞直径 2~6μm，通常呈球形、圆形、椭圆形或藕节形等，主要以出芽方式进行无性繁殖，或以形成子囊孢子来进行有性繁殖。酵母菌广泛分布于自然界，海洋中也大量存在着海洋酵母菌，它们是多种小型浮游动物的饵料，可以产生多种色素和蛋白酶等，并可消除海洋中的石油污染，因此，海洋酵母菌的分离培养和应用开发具有重要的价值。

海洋酵母菌的鉴定分为常规形态鉴定和分子生物学特征鉴定。常规形态鉴定是观察酵母菌形成的菌落特征、细胞形态、子囊孢子的形态、酵母假菌丝的形态等。分子生物学方法主要通过扩增酵母菌 18S、26S rRNA 及 ITS DNA 序列来鉴定。

3　实验材料

海水、2216E 固体和液体培养基、TAE 电泳缓冲液、0.1%吕氏美蓝染色液、DNA 相对分子质量标准、GelGreen 核酸染料、0.45μm 水系滤头、琼脂糖、2×TaqMaster Mix 扩增试剂、DNA 凝胶回收试剂盒(Takara)、无菌培养皿、无菌水、灭菌过滤器、接种环、灭菌三角瓶、恒温振荡器、PCR 仪、离心管、核酸电泳系统。

4　实验方法

4.1　海水中酵母菌的分离培养

(1) 将无菌的 0.45μm 水系滤头安装在过滤器上，连接到真空抽滤设备上，将 50mL 海水注入过滤器进行真空过滤，过滤结束后在无菌条件下将过滤器取下，用灭菌镊子将滤膜取出，贴在 2216E 固体培养基上，置于 28℃恒温培养箱中培养 3~7d。

(2) 培养结束后，取出培养皿进行观察，可见有不同颜色(如白色、红色和黑色等)的圆形菌落，利用烧灼灭菌的接种环挑取多个不同菌落，分别在 2216E 固体培养基上划线培养，并做好标记。

4.2 海洋酵母菌的鉴定

（1）取出划线平板进行观察，观察并记录菌落大小、形状、颜色、透明度、湿润度和菌落边缘光滑情况等菌落特征。同时，挑取少量菌落与0.1%美蓝染色液混匀，在显微镜下观察酵母菌的形状、大小及出芽方式。

（2）挑取标记好的不同菌落，分别采用接种环挑取少许菌落接种于2216E液体培养基中，置于28℃恒温振荡培养箱中培养18h。

（3）分别吸取1μL菌液，分别依次加入0.5μL上游引物、0.5μL下游引物、10μL 2×TaqMaster Mix扩增试剂和8μL无菌水混匀，按照如下条件进行PCR扩增，94℃变性30s，56℃退火30s，72℃延伸1min（40个循环）；72℃延伸10min。

（4）将反应好的PCR产物按照标记的顺序在1.5%的琼脂糖凝胶电泳中进行电泳，分析是否有相应大小的18S rRNA序列和ITS条带，如有利用凝胶回收试剂盒对有目标条带的PCR产物进行回收后送测序。

5 实验内容

（1）从海水中分离纯化海洋酵母菌。

（2）采用18S rRNA、ITS DNA序列通用引物对海洋酵母菌进行鉴定。

6 实验结果

（1）分离海洋酵母菌，观察并记录菌落大小、形状、颜色、透明度、湿润度和菌落边缘光滑情况等菌落特征。

（2）对分离出的海洋酵母菌进行鉴定。

7 思考与讨论

（1）从海水中分离出的酵母是否含有和陆地淡水环境相同的种类？原因是什么？

（2）利用18S rRNA、ITS序列分析等方法对酵母菌进行鉴定的依据是什么？

实验十九 聚丙烯酰胺凝胶电泳测定蛋白相对分子质量

1 实验目的

（1）掌握聚丙烯酰胺凝胶电泳法的原理。

（2）掌握使用聚丙烯酰胺凝胶电泳法测定蛋白的相对分子质量。

2 实验原理

聚丙烯酰胺凝胶电泳具有较高分辨率，用它分离、检测蛋白混合样品，主要是根据各蛋白各组分的电泳迁移率的不同。这种差异就蛋白分子本身而言，主要与其所带电荷的差异以及分子大小不同有关。如果将电荷差异这一因素去除或减小到可以忽略不计的程度，分子在凝胶上迁移率的大小则完全取决于相对分子质量。

十二烷基硫酸钠(SDS)是一种阴离子表面活性剂，当其与蛋白混合，重量比达到1.4g/1g时，SDS能破坏蛋白分子间以及其他物质分子间的非共价键使蛋白的构象发生变化，继而使蛋白变性解离成单一亚基，从而降低或消除了各种蛋白分子间的天然电荷差异，形成SDS-蛋白负离子，这样就使电泳迁移率只取决于分子大小这一因素。据经验得知，当蛋白的相对分子质量在165000~17000之间时，蛋白-SDS复合物的电泳迁移率与蛋白相对分子质量的对数呈线性关系，于是根据标准蛋白相对分子质量的对数和迁移率所作的标准曲线，可求得未知蛋白的相对分子质量。

SDS-PAGE可以用圆盘电泳，也可以用垂直平板电泳，本实验采用目前常用的垂直平板电泳，样品的起点一致，便于比较。

3 实验材料

电泳仪(包括整流器与电泳槽)、垂直板电泳槽、0.5cm×10cm玻璃管、刻度吸管、烧杯及染色杯、50~100μL微量注射器，长针头(7~10cm)注射器。

4 实验方法

4.1 实验中相关缓冲液的配制

（1）低相对分子质量标准蛋白：开封后按说明溶于200mL双蒸水中，加入等体积的2倍样品缓冲液，分装成20个小管，于-20℃保存，使用前用100℃沸水变性5min左右。

（2）10% SDS：取10g SDS，加水至100mL，完全溶解后室温保存。

（3）30%丙烯酰胺贮存液：称取丙烯酰胺 29.2g、甲叉双丙烯酰胺 0.8g，加水至 100mL，装在棕色瓶中，置冰箱可保存 1~2 个月。

（4）催化剂 10%过硫酸铵：过硫酸铵(潮解勿用)0.1g，加水 1mL 混匀，临用前配制。

（5）加速剂：四甲基乙二胺(TEMED)。

（6）1.5mol/L Tris-HCl 分离胶缓冲液 pH 8.8(4×)：取 18.15g Tris，用 1mol/L HCl 调 pH 值至 8.8，加水至 100mL，4℃保存。

（7）0.5mol/L Tris-HCl 浓缩胶缓冲液，pH 6.8(4×)：取 5.98g Tris，用 1mol/L HCl 调至 pH 6.8，加水至 100mL，4℃保存。

（8）电泳缓冲液(pH 8.3)：取 14.49g 甘氨酸，3.02g Tris，加 100mL 10% SDS，加水至 1L，4℃保存。

（9）染色液：考马斯亮蓝(或氨基黑 10B)1g，加 95%酒精 90mL、冰醋酸 20mL，加蒸馏水 90mL 混合后放置过夜，次日过滤，备用。

（10）漂洗液：取醋酸 38mL，加甲醇 125mL，然后用蒸馏水稀释至 500mL。

（11）加样缓冲液(2×)：蒸馏水 2.4mL，浓缩胶缓冲液 1.0mL，甘油 0.8mL，10% SDS 3.2mL，2-巯基乙醇 0.4mL，0.025%(W/V)溴酚蓝 0.2mL。

（12）样本缓冲液：取浓缩胶缓冲液 1：7(V/V)稀释。

（13）白蛋白标品。

4.2 电泳凝胶的配制

依次按表 19-1 中顺序加入试剂后立即混匀，然后用滴管吸取分离胶，在电泳槽的玻璃板间小心灌注，留出 4cm 左右的空间以灌注浓缩胶。用滴管小心在液面上覆盖一层水，室温下静置 30~60min，待分离胶聚合完全后，除去水层，尽可能去除干净。

表 19-1 配制分离胶所需的成分

试剂	用量	试剂	用量
30%丙烯酰胺贮存液/mL	3.3	TEMED/μL	5
分离胶缓冲液/mL	2.5	10%过硫酸铵/μL	50
10% SDS/mL	0.1	总体积/mL	10
蒸馏水/mL	4.05		

依次按表 19-2 中顺序加入试剂后立即混匀，灌注在分离胶上，插入梳子，避免带入气泡，室温静置至完全聚合(约 30min)。

表 19-2 配制浓缩胶所需的成分

试剂	用量	试剂	用量
30%丙烯酰胺贮存液/mL	0.8	TEMED/μL	5
分离胶缓冲液/mL	1.25	10%过硫酸铵/μL	25
10% SDS/mL	0.05	总体积/mL	5
蒸馏水/mL	2.92		

4.3 待测蛋白样品的制备

样本若为人或动物血清，则要先用样本缓冲液稀释(1/4，V/V)，使血清蛋白浓度在10~15mg/mL之间，加入等体积的2×加样缓冲液，于沸水中变性5min。

4.4 加样

待浓缩胶完全聚合后，取出梳子，用电泳缓冲液冲洗加样孔数次，然后在电泳槽中加满电泳缓冲液，用微量注射器或微量吸管取20μL样品于凝胶的加样孔中。

4.5 电泳

接上电泳仪，打开电泳仪电源开关，浓缩胶，电流：9mA/板，电压：40V，时间：1h；分离胶，电流：15mA/板，电压：90V，待溴酚蓝移至下端1~1.5cm处时切断电源。

4.6 染色和漂洗

小心取出凝胶，放在一大的培养皿中，在溴酚蓝条带的中心插一细钢丝作为标志。加染色液染色1~2h，换漂洗液漂洗3~4次，直至背景接近无色即可。

4.7 计算蛋白的相对分子质量

用直尺分别量出标准蛋白、待测蛋白区带中心以及钢丝距加样孔的距离，按以下公式计算相对迁移率：

相对迁移率=样品迁移距离(cm)/染料迁移距离(cm)

以标准蛋白相对分子质量(M_r)对相对迁移率作图，得到标准曲线。根据待测蛋白样品的相对迁移率，从标准曲线上求得其相对分子质量。

5 实验内容

以白蛋白标品为标准制作相对分子质量-相对迁移率曲线，并计算待测蛋白的相对分子质量。

6 实验结果

以白蛋白标品为标准制作相对分子质量-相对迁移率曲线，并计算待测蛋白的相对分子质量。

7 思考与讨论

(1) SDS-聚丙烯酰胺凝胶电泳与聚丙烯酰胺凝胶电泳在原理上有何不同？

(2) 做好本实验的关键步骤有哪些？为什么？

(3) 蛋白相对分子质量的测定，除本实验采用的方法外，还有什么其他方法？

实验二十 Folin-酚试剂法(Lowry 法)测定蛋白浓度

1 实验目的

(1) 掌握 Folin-酚试剂法(Lowry 法)测定蛋白含量的原理和方法。

(2) 熟悉分光光度计的使用。

2 实验原理

蛋白在碱性溶液中其肽键与 Cu^{2+} 螯合，形成蛋白-铜复合物，此复合物使酚试剂的磷钼酸还原，产生蓝色化合物，在一定条件下，利用蓝色深浅与蛋白浓度的线性关系作标准曲线并测定样品中蛋白的浓度。

本测定法比双缩脲法灵敏。硫酸铵、甘氨酸、还原剂如二硫苏糖醇(DTT)、巯基乙醇等会干扰本反应。该法可用 500nm 比色测定，测定范围为 0. 05～0. 5mg 蛋白/mL。

3 实验材料

722S 型分光光度计、刻度吸管、烧杯及染色杯、50～100μL 微量注射器、长针头(7～10cm)注射器。

4 实验方法

4.1 实验中相关缓冲液的配制

(1) Folin-酚试剂甲：①4%碳酸钠(Na_2CO_3)溶液；②0. 2mol/L 氢氧化钠溶液；③1%硫酸铜溶液($CuSO_4 \cdot 5H_2O$)；④2%酒石酸钾钠溶液(或酒石酸钾或酒石酸钠)。在测定的当天将①与②、③与④等体积混合，再将两混合液按 50∶1 比例混合，即为试剂甲。混合液 1 日内有效。

(2) Folin-酚试剂乙：①市售酚试剂在使用前用 NaOH 滴定，以酚酞为指示剂，根据试剂酸度将其稀释，使最后酸度为 1mol/L。②或取 $Na_2MoO_4 \cdot 2H_2O$ 100g 和 Na_2MoO_3 25g，溶于 700mL 蒸馏水中，再加 85% H_3PO_4 50mL 和浓 HCl 100mL，将以上溶液混合后，置于 1000mL 圆底烧瓶中温和地回流 10h，再加硫酸锂($Li_2SO_4H_2O$) 150g，水 50mL 及溴水数滴。继续沸腾 15min 后以除去剩余的溴，冷却后稀释至 1000mL 然后过滤，溶液应呈黄色或金黄色(如带绿色者不能用)，置于棕色瓶中保存，使用时用标准 NaOH 滴定，以酚酞为指示剂，而后稀释约 1 倍，使最后酸度为 1mol/L。

（3）标准蛋白溶液：用结晶牛血清白蛋白，根据其纯度用蒸馏水配制成 0.25mg/mL 的蛋白溶液。

（4）待测样品：准确取血清 0.1mL，置于 50mL 容量瓶中，再加 0.9% NaCl 溶液至刻度，充分混匀。

4.2 标准曲线的制作

立即混匀，室温放置 30min，然后以 0 号管调零，500nm 比色测定各管吸光度。以蛋白含量(mg)为横坐标，吸光度为纵坐标，绘制标准曲线(表 20-1)。

表 20-1 标准曲线所需的成分表

试剂/mL	0	1	2	3	4	5
标准蛋白溶液	—	0.2	0.4	0.6	0.8	1.0
H_2O	1.0	0.8	0.6	0.4	0.2	—
试剂甲	5.0	5.0	5.0	5.0	5.0	5.0
试剂乙	0.5	0.5	0.5	0.5	0.5	0.5

取试管 6 支，编号，按表 20-2 依次加入反应。混匀，室温放置 10min，各管再加试剂乙。

表 20-2 蛋白标准曲线所需蛋白成分表

	0	1	2	3	4	5
蛋白含量/mg	0	0.05	0.1	0.15	0.2	0.25
A_{500}	0					

取待测样品 1.0mL，置于试管内，加入试剂甲 5.0mL，混匀，室温放置 10min，再加试剂乙 0.5mL，混匀，室温放置 30min 后测其 500nm 处的吸光度，对照标准曲线求得样品的蛋白含量。

5 实验内容

以白蛋白标品为标准制作吸光度-蛋白浓度曲线，并计算待测蛋白的浓度。

6 实验结果

以白蛋白标品为标准制作吸光度-蛋白浓度曲线，并计算待测蛋白的浓度。

7 思考与讨论

（1）比较 Folin-酚试剂法和双缩脲法测定蛋白含量的优缺点及各自的适宜测定领域。

（2）使用比色杯时有哪些注意事项？

实验二十一 尺寸排阻色谱分离纯化几丁质酶

1 实验目的

（1）熟悉野生型酶蛋白分离纯化的一般原则。

（2）掌握尺寸排阻色谱分离纯化酶蛋白的原理和基本操作。

2 实验原理

酶的分离纯化，实质上是活性蛋白的提纯过程，涉及蛋白的一系列理化性质的灵活运用。将糖化酶发酵液离心后除去杂质，所得滤液为酶的浸出液，经盐析沉淀、脱盐、等电点沉淀、有机溶剂沉淀等处理，可得到较纯的酶制剂，再用无水乙醇脱水，干燥，得到干燥的酶制剂。

蛋白纯化常用的尺寸排阻色谱（又称分子筛）是一种葡聚糖凝胶（商品名为 Sephadex），它是由细菌葡聚糖（又称右旋糖酐，Dextrak），在糖的长链间用交联剂环氧氯丙烷交联而成。在合成凝胶时，调节葡聚糖和交联剂的配比，可以获得具有不同大小网眼的葡聚糖凝胶，即不同型号的凝胶，如 Sephadex G10、15、25、50、75、100、150、200 等。G 值表示交联度，G 值愈小，交联度愈大，孔径愈小，因此吸水量也愈小。葡聚糖凝胶是非离子型的不溶于水的球状颗粒，因此，在弱酸性、中性和碱性介质中都可以应用。

3 实验材料

硫酸铵、20%磺基水杨酸溶液、葡聚糖凝胶 G25、奈氏试剂、几丁质酶发酵液、95%乙醇、无水乙醇、1mol/L NaOH 溶液、1mol/L HCl 溶液、层析柱（1.5cm×30cm）、天平、吸量管（0.2mL、5mL）、离心机、白瓷板、黑瓷板、精密 pH 试纸。

4 实验方法

4.1 粗酶液的硫酸铵沉淀

根据发酵液的体积和低温下硫酸铵饱和度表计算并称取所需的硫酸铵，利用研钵将硫酸铵进行粉碎后，缓慢加入预冷的粗酶液中，使其达到 70%的饱和度，待硫酸铵全部溶解后，将所得溶液放入 4℃冰箱静置过夜，然后 8000×g 离心 10min，收集离心所得沉淀即为粗酶，加入无菌水溶解后过滤备用。

4.2 尺寸排阻色谱纯化几丁质酶粗酶

凝胶的预处理：凝胶必须于使用前在过量的溶剂中充分地膨胀。用倾泻法除去混杂的细小颗粒，重复3~4次。然后进行装柱，首先将柱垂直地安装好，层析柱滤板下必须充满水，不能留有气泡。然后，将已膨胀的凝胶悬液沿着玻璃棒小心地连续不断地徐徐灌到柱中。尽量一次装完，在装柱时需打开下口，并调节适当的流速。

加样：打开柱的下口，让水逐渐流出(或由上面吸走，亦可)，待柱中水面与柱床上表面平齐时，关闭下口夹。柱下面用10mL量筒接液，以便了解加样后液体的流出量。将烧杯内酶液慢慢沿玻璃棒加到凝胶床的表面上去，然后打开下口夹，调流速1~2mL/min，待样品恰好入床后，用少量水洗一下凝胶的表面和接触过样品的柱壁，待完全流进床内后，再加水进行洗脱。

洗脱：用蒸馏水洗脱，流速不变。在黑瓷板凹孔内加1滴20%磺基水杨酸检查流出液是否含有蛋白，待流出液出现白色沉淀时立即用试管收集(大分子的酶蛋白已流出)，每管收集2mL。直到检查不到白色沉淀时，停止收集洗脱液。由经检查含有酶蛋白的各试管中，取1滴于白瓷板凹孔中，加入1滴奈氏试剂，检查有无NH_4^+，合并经检查不含NH_4^+的各管收集液，即为纯化后的酶液。

处理柱：停止收集纯化的酶液后，仍用大量蒸馏水流洗凝胶柱，直至流出液中不含NH_4^+为止，凝胶柱备下组实验用。

4.3 纯化后酶液的浓缩与活性测定

经凝胶柱分离得到的无盐酶液，准确记录体积。用盐酸准确调至pH 4.0，加2.5倍体积的冷乙醇，然后在冰浴中静置，去上清液，沉淀离心。然后再用无水乙醇洗一次，离心，所得酶沉淀涂于预先洗净、干燥、称重的表面皿内，即得初步纯化的酶制剂，称重，测水分。按照GB/T 34799—2017测定纯化后的几丁质酶的活力。

5 实验内容

利用尺寸排阻色谱分离纯化几丁质酶。

6 实验结果

记录经凝胶柱分离得到的酶液的体积、脱盐后酶质量和水分。测定几丁质酶活力，计算纯化因子和收率。

7 思考与讨论

(1) 尺寸排阻色谱分离纯化蛋白的原理是什么？

(2) 除了葡聚糖凝胶，还有哪些常见的尺寸排阻色谱填料用于纯化蛋白？

实验二十二　果胶酶的包涵体复性

1　实验目的

(1) 熟悉包涵体形成的原因。

(2) 理解并掌握包涵体复性的原理及基本原则。

(3) 学会包涵体复性的一般方法和基本操作。

2　实验原理

外源基因在高效表达时常形成不可溶、无生物活性的包涵体(Inclusion Body, IB)，这在原核细胞特别是大肠杆菌中最为常见，在酵母、真核细胞中也可以观察到，有些内源性蛋白过高表达时也会形成包涵体。包涵体形成的可能主要原因如下：①外源基因表达蛋白的速率过快、浓度过高，生成的蛋白没有足够的时间和空间折叠形成正确结构，蛋白在折叠过程中疏水区暴露于溶液中，分子间的相互作用形成错误折叠导致凝集使其蛋白难以达到足够的溶解度；②发酵温度过高、胞内 pH 值接近蛋白等电点(pI)、某些金属离子等因素影响包涵体动力学的稳定；③表达环境的细胞内部还原性过高，不能有效完成二硫键的氧化折叠，使蛋白中二硫键稳定性下降，出现错配或多余的二硫键；④原核系统缺乏一些蛋白折叠过程所需的酶和辅助因子，如蛋白二硫键异构酶(PDI)、肽基脯氨酸顺反异构酶(PPI)、分子伴侣 GroEL/GroES 等，未能有效辅助正确构象的形成，使其翻译后的蛋白易暴露出疏水基团，从而引起蛋白的聚集。

包涵体中除了目的蛋白之外，通常还含有脂多糖、核酸、脂类和其他杂蛋白等物质，因此在溶解包涵体之前需要对包涵体进行分离洗涤处理，以去除这些杂成分。包涵体分离首先是对培养收集的菌体进行细胞破碎，通常采用高压匀浆、超声波破碎等。为了提高破碎率，可以加入一定量的溶菌酶和过氧胆酸。离心除去破碎上清液后的沉淀部分用含有中低浓度的变性剂(如 1~2mol/L 尿素或盐酸胍)、表面活性剂(如 Triton X-100)、EDTA、脱氧胆酸钠等化合物的缓冲液进行洗涤。通过以上制备可获得目的蛋白含量为60%以上的包涵体，其主要成分为聚合态的重组蛋白，需进一步溶解，常采用高浓度的变性剂(8mol/L 尿素或 6mol/L 盐酸胍)。这两种变性剂在溶解包涵体过程中，需加入二硫速糖醇(DTT)或 3-巯基乙醇以使蛋白中的二硫键完全打开，同时变性缓冲液中需加入一定量的 EDTA 以整合 Fe^{2+}、Cu^{2+} 等金属离子，防止已经还原的巯基与之发生氧化反应。此处理也破坏了蛋白的绝大部分二级结构，造成蛋白的完全变性。因此，需采取一定的复性方法，使其溶液中的变性蛋白折叠成有生物活性的天然形态，即为蛋白的体外重折叠或复性。

3　实验材料

果胶酶包涵体沉淀、1%的 Triton X－100（用 Binding Buffer 溶解）、8mol/L 的尿素、Binding Buffer：50mmol/L Tris-HCl、500mmol/L NaCl。

4　实验方法

（1）在 30mL 裂解缓冲液 Binding Buffer 中重悬，冰浴中超声破碎 30min（Binding Buffer：50mmol/L Tris-HCl，500mmol/L NaCl，但不要加咪唑）。

（2）添加 1%（W/V）纯化的 Triton X-100，以溶解细胞膜和膜蛋白。将细胞裂解物在冰上孵育 10min，15000r/min，离心 15min，以沉淀包涵体（IB），并去除可溶性上清液。

（3）将 IB 重悬于含 1% Triton X-100 的 30mL 裂解缓冲液 Binding Buffer 中（可考虑添加 5%甘油，良好的复性添加剂），在冰上孵育 10min，15000r/min，离心 15min。

（4）将沥干的沉淀溶解于 1% Triton X-100 的 30mL 裂解缓冲液 Binding Buffer 中，15000r/min，离心 15min，以去除 1% Triton X-100（沉淀称为洗涤后的 IB 部分，通常纯度超过 90%）。

（5）洗涤后的 IB 沉淀重悬于合适的变性剂中：8mol/L 的尿素（可溶于 Binding Buffer 中），4℃条件下孵育振荡过夜，使其变性和溶解，15000r/min，离心 15min，去除任何残留的不溶物。

（6）取溶解后的 IB 沉淀，在 4℃和下列复性缓冲液（透析液）中进行透析。

A：50mmol/L Tris-HCl，4mol/L 尿素，pH 8.0；

B：50mmol/L Tris-HCl，2mol/L 尿素，pH 8.0；

C：50mmol/L Tris-HCl，1mol/L 尿素，pH 8.0；

D：50mmol/L Tris-HCl，0.5mol/L 尿素，pH 8.0；

E：50mmol/L Tris-HCl，0mol/L 尿素，pH 8.0。

上述溶液可将不同量的尿素溶于 50mmol/L Tris-HCl 缓冲液中。

（7）重折叠后如果沉淀过多可先 15000r/min，离心几分钟，再通过 0.45μm 膜过滤，去除不溶性沉淀。

（8）测定复性后的酶活，进一步采用 Ni-NTA 亲和层析柱进行纯化，得到洗脱蛋白，利用聚丙烯酰胺凝胶电泳进行验证。

5　实验内容

利用尿素对果胶酶沉淀进行复性和纯化。

6　实验结果

记录经复性分离得到的酶的质量和活力，计算纯化因子和收率。

7　思考与讨论

（1）包涵体形成的原因有哪些？试举例说明。

（2）不同包涵体复性的原理是什么？试举例说明。

实验二十三　海洋宏基因组文库构建及目标基因筛选

1　实验目的

（1）掌握海洋细菌基因组 DNA 提取的原理。

（2）学习并掌握海洋细菌基因组 DNA 提取的方法。

2　实验原理

海洋是最大的水生生态系统，具有巨大的开发潜力。由于许多微生物处于海洋极端环境中，如高压、高温、低温等，运用传统的技术很难对这些微生物进行研究，因此利用宏基因组技术可以为海洋微生物多样性以及生物技术的应用创造新机遇。宏基因组最初是由 Handelsman 等于 1998 年提出的，即一个环境中的全部微生物基因组信息。宏基因组学是以环境样品中的微生物群体基因组作为研究对象，用功能基因筛选或测序分析的手段研究包括不可培养微生物在内的方法。宏基因组提供了一种探知微生物多样性结构和功能基因的免培方法，是一条寻找新基因及其产物的新途径。

3　实验材料

深海海底沉积物、β-琼脂糖酶 I，Midrange I PFG Marker、T4 DNA ligase 为 Biolab 公司产品；Bam H I、Pst I 为 Promega 公司产品；Qiaprep Spin Miniprep Kit 为 Qiagen 公司产品；Alkaline Phosphatase(Calf intestine)为大连宝生物技术公司产品；质粒 Fosmid 及宿主菌 *Escherichia coli* EPI300 购于 Epicentre 公司；CHEF-DR® Ⅱ型脉冲场凝胶电泳仪(Bio-Rad)。

4　实验方法

4.1　海底沉积物基因组总 DNA 的提取

称取 2g 沉积物，加入 3.6mL 磷酸盐提取缓冲液[0.25mol/L NaH_2PO_4，0.1mol/L Tris-HCl(pH 8.0)，0.1mol/L EDTA(pH 8.0)，1% CTAB(W/V)]，400μL 20% SDS(W/V)，加入 2g 玻璃珠。用涡旋振荡器混匀 2min，68℃水浴 2h，期间每隔 15min 上下颠倒混匀几次。13000×g，4℃，离心 15min，移取上清液，加入 500μL 5mol/L KAc 和 1.67mL PEG8000，-20℃放置 15min，13000×g，4℃，离心 15min。沉淀用 500μL 2×CTAB[2% CTAB(W/V)，1.4mol/L NaCl，0.1mol/L EDTA(pH 8.0)]重悬，68℃水浴 1h。加入等体积氯仿/异戊醇

(24∶1)，轻柔混匀，静置5min，13000×g，4℃，离心15min。移取上清液，加入等体积异丙醇，混匀，室温放置15min，13000×g，4℃，离心15min。70%酒精(V/V)洗涤2次，干燥后溶于TE。

4.2 沉积物基因组总DNA的纯化

为增加文库的基因多样性，我们将4个深度样品的DNA等质量混合以构建文库。将混合的DNA粗提液用1%低熔点琼脂糖凝胶进行脉冲场电泳，电泳条件设定为：1×TAE，电压6V/cm，电场角度120°，脉冲时间5~30s，线性转换，电泳时间16h，电泳温度14℃。切下含Marker的泳道而不是直接切取样品，因为即使短暂的紫外光照都会降低克隆的效果。紫外下记录Marker位置，根据Marker的位置，相应切下25~45kb的DNA片段。

利用β-琼脂糖酶Ⅰ消化凝胶，移出含DNA的上清液，加入异丙醇沉淀DNA，用预冷的70%乙醇洗涤沉淀两次，干燥后溶于TE。

4.3 宏基因组fosmid文库的构建

文库构建使用Epicentre公司的CopyControl Fosmid Library Production Kit。将上述抽提纯化的DNA利用End-Repair Enzyme将片段末端补平；用低熔点琼脂糖凝胶电泳分离，电压30~35V，电泳过夜，切下25~45kb相应片段，β-琼脂糖酶Ⅰ消化回收；利用Fast-Link DNA Ligase将获得的片段连接于Fosmid黏粒上；连接液用噬菌体蛋白包装，加入氯仿，轻柔混匀；包装液经梯度稀释后侵染宿主*Escherichia coli* EPI300，37℃孵育20min，最后将感染的菌液涂布于含12.5μg/L氯霉素的LB平板上，37℃培养过夜。

4.4 重组克隆子的鉴定

在平板上随机挑取克隆子培养并加入诱导液诱导，碱裂解法提取质粒，BamH Ⅰ酶切，如上条件进行脉冲场电泳和普通电泳，检测插入片段的大小分布。

4.5 文库保存

短期保存：文库克隆在平板上培养后，4℃可暂时保存2~3个月。

单克隆的长期保存：挑取单菌落于384孔培养板中，37℃培养过夜，加入终浓度为10%的甘油，保存于-70℃。

多克隆混合池的长期保存：将一个平板上生长的200~300个克隆子转接至1.5mL离心管中，37℃培养3h，加入等体积的40%甘油，保存于-70℃。

4.6 活性筛选产淀粉酶克隆

从-70℃取出多克隆混合保存的文库样品，取200μL原液加入1mL新鲜培养基，37℃活化3h，稀释一定倍数后涂布含氯霉素的淀粉酶筛选培养基(LB加入1%可溶性淀粉)，每个样品重复3个平板，37℃培养48h。用碘液染色2~3min，挑取菌落边沿出现透明圈的克隆，反复接种两次依旧产生水解圈，提取质粒DNA，转化感受态EPI300和DH5α，依然保持淀粉水解活性的克隆初步鉴定为阳性克隆。

4.7 亚克隆文库构建

Qiaprep Spin Miniprep Kit 提取阳性克隆子 amy7 的质粒 DNA，酶切后与处理的 pUC19 连接，转化感受态 DH5α。转化液涂布淀粉酶筛选培养基，挑取菌落边沿同样出现透明圈的克隆，反复接种确认仍产生水解圈的克隆初步鉴定为阳性亚克隆。提取阳性亚克隆质粒，酶切鉴定，取其中一个克隆送上海生工生物工程技术服务有限公司测序。

5 实验内容

（1）采用 Fosmid 宏基因组文库试剂盒构建海洋沉积物的 DNA 文库。

（2）利用功能筛选法筛选文库中的功能基因。

6 实验结果

（1）采用 Fosmid 宏基因组文库试剂盒构建海洋沉积物的 DNA 文库。

（2）利用功能筛选法筛选文库中的功能基因。

7 思考与讨论

（1）Fosmid 宏基因组文库构建试剂盒的原理是什么？

（2）哪些步骤对于宏基因组文库构建效果有重要影响？

实验二十四　褐藻胶裂解酶编码基因重组质粒的转化

1　实验目的

（1）熟悉并掌握质粒转化操作，将包含目标褐藻胶裂解酶基因的重组质粒[中间表达载体 pET-21a(+)]直接导入感受态细胞-E. Coli BL21(DE3)。

（2）复苏感受态细胞确保后续重组蛋白的表达。

2　实验原理

质粒 DNA 黏附在细菌细胞表面，经过42℃短时间的热击处理，促进吸收 DNA。

3　实验材料

LB(Luria-Bertani)培养基：酵母粉(Yeast extract)5g、蛋白胨(Peptone)10g、NaCl 10g、琼脂(Agar)1%~2%、蒸馏水(Distilled water)1000mL pH 7.0，无菌水，大肠杆菌感受态细胞 BL21(DE3)，重组质粒干粉[pET-21a(+)]。

高速冷冻台式离心机、单人净化工作台、电热恒温培养箱、通用水浴槽、蒸汽灭菌器、摇床培养箱。

4　实验方法

4.1　质粒转化

配制好适量 LB 液体培养基和 LB 固体培养基，蒸汽灭菌(121℃，20min)；LB 固体培养基(100mL，未凝固)在超净工作台中加入 100μL 抗生素贮备液，轻轻晃动混合均匀(不要有气泡产生)，倒平板(4 个)使凝固备用；质粒干粉(苏州金唯智公司合成)管 12000r/min 离心 1min；在超净工作台(提前灭菌)中加入 40μL 无菌水于质粒干粉管中，轻弹管身使溶解均匀；从-80℃中取出感受态细胞 BL21(DE3)，立刻置于冰浴中，使细胞在冰浴中溶化，溶化后加入 1μL 质粒溶液于感受态细胞菌液中(插入管底)；将感受态细胞与质粒混合液冰浴 30min(使稳定)；冰浴后在 42℃水浴中热激 90s(促进质粒导入细胞)；热激后冰浴 2min，切勿摇动离心管。

4.2　细胞复苏

向离心管中加入 900μL LB 培养液(不含抗生素)，在 200r/min 摇床中 37℃培养 1h(复苏)；复苏后菌液在离心机中2000r/min离心2min，吸出900μL上清液，沉淀重悬后涂布或划线于含抗生素的固体LB培养基上，电热恒温培养箱中37℃倒置平板培养12~16h至单菌落清晰可见。

5 实验内容

中间载体质粒导入大肠杆菌感受态细胞并复苏细胞，使转化细胞成功生长。

6 实验结果

记录平板菌落成长情况，菌落应呈圆形半透明状且单一。

7 思考与讨论

(1) 转化过程各步骤的目的是什么(如热激)？
(2) 简述大肠杆菌菌落特征，如何确定质粒已导入感受态细胞？

实验二十五　褐藻胶裂解酶重组质粒诱导表达及纯化

1　实验目的

（1）培养载体细胞生长并表达重组蛋白（rTAPL7A）。

（2）通过超声破碎、Ni 柱纯化等技术纯化蛋白获得纯的目标酶蛋白液并掌握蛋白纯化相关技术。

2　实验原理

2.1　大肠杆菌表达系统

大肠杆菌是重要的原核表达体系。在重组基因转化入大肠杆菌菌株以后，通过温度的控制，诱导其在宿主菌内表达目的蛋白，将表达样品进行 SDS-PAGE 以检测表达蛋白。

2.2　外源基因的诱导表达

提高外源基因表达水平的基本手段之一，就是将宿主菌的生长与外源基因的表达分成两个阶段，以减轻宿主菌的负荷。常用的有温度诱导和药物诱导。本实验采用异丙基硫代半乳糖苷，Isopropyl β-D-Thiogalactoside（IPTG）诱导外源基因表达。不同的表达质粒表达方法并不完全相同，因启动子不同，诱导表达要根据具体情况而定，本实验所用表达质粒为 pET-21a，抗性为氨苄青霉素。

2.3　蛋白纯化-镍柱亲和层析

亲和层析具有结合效率高、分离速度快的特点。配基可以是酶的底物、抑制剂、辅因子、特异性的抗体。吸附后可改变缓冲液的离子强度和 pH 值，洗脱下来，也可用更高浓度的同一配体溶液或亲和力更强的配体溶液洗脱。如金属螯合介质，过渡金属离子 Cu^{2+}、Zn^{2+} 和 Ni^{2+} 等以亚胺络合物的形式键合到固定相上，由于这些金属离子与色氨酸、组氨酸和半胱氨酸之间形成了配价键，从而形成了亚胺金属-蛋白螯合物，使含有这些氨基酸的蛋白被这种金属螯合亲和色谱的固定相吸附（本实验为 Ni^{2+}）。螯合物的稳定性受单个组氨酸和半胱氨酸解离常数所控制，从而亦受流动相的 pH 值和温度的影响，控制条件可以使不同蛋白相互分离。

3　实验材料

（1）LB（Luria-Bertani）培养基：酵母粉（Yeast extract）5g，蛋白胨（Peptone）10g，NaCl，

10g，琼脂(Agar)1%~2%，蒸馏水(Distilled water)1000mL pH 7.0。

(2) IPTG贮备液：2g IPTG溶于10mL蒸馏水中，0.45μm滤膜过滤除菌，分装成1mL/份，-20℃保存。

(3) 抗生素贮备液：100mg/mL氨苄青霉素钠，-20℃保存。

(4) 5×SDS-PAGE上样缓冲液(碧云天)。

(5) SDS-PAGE电泳缓冲液(5×Tris-Glycine Buffer)：0.25mol/L Tris，1.25mol/L Glycine，0.5%(W/V)SDS。

(6) 大肠杆菌包涵体复性材料：平衡Buffer(50mmol/L Tris-HCl pH 8.0)，8mol/L尿素(平衡Buffer溶解)，0.8mol/L、0.5mol/L、0.2mol/L尿素(平衡Buffer溶解)，透析袋(孔径30000Da，具体孔径视目的蛋白大小)。

(7) Ni柱(5mL柱体积，金斯瑞)，Ni柱纯化缓冲液：

A. Binding Buffer：100mmol/L Tris-HCl，300mmol/L氯化钠，10mmol/L咪唑，pH 8.0。

B. Wash Buffer：100mmol/L Tris-HCl，300mmol/L氯化钠，20mmol/L咪唑，pH 8.0。

C. Elution Buffer：100mmol/L Tris-HCl，300mmol/L氯化钠，250mmol/L咪唑，pH 8.0。

(8) 高速冷冻台式离心机、单人净化工作台、电热恒温培养箱、通用水浴槽、蛋白电泳仪、蒸汽灭菌器、摇床培养箱、超声波细胞粉碎机、恒流泵(HL-2B)、超滤离心管(30kDa)。

4 实验方法

4.1 重组蛋白表达

液体LB培养基(100mL)中接入100μL抗生素液混匀后，挑取转化成功后固体平板上的单菌落于液体培养基中；于200r/min摇床中37℃培养8~12h；菌液浑浊，OD_{600}值为0.4~0.6时在超净工作台中向菌液中加入10μL IPTG混匀，200r/min摇床中22℃诱导培养24~36h。

4.2 重组蛋白纯化

(1) 7000r/min离心菌液5min，去除上清液，沉淀用25mL Binding Buffer重悬；重悬菌液于冰浴中超声破碎(70%功率，15min)，7000r/min离心破碎菌液5min；离心后上清液即为粗酶液，粗酶液需全程于冰浴中保存，粗酶液过膜(水系滤头0.45μm)去除大颗粒杂质；过膜后粗酶液经Ni柱(5mL柱体积)纯化，具体步骤如下：Ni柱由恒流泵连接至出样口，进样口接入蒸馏水30r/min水洗Ni柱两个柱体积(10mL)；Binding Buffer 30r/min平衡Ni柱2个柱体积；粗酶液(冰浴)30r/min上样3次(每次接出的流出液再次上样，循环3次)；Binding Buffer 30r/min平衡Ni柱2个柱体积；Washing Buffer 30r/min洗涤Ni柱中的杂蛋白10个柱体积；Elution Buffer 30r/min洗脱目标蛋白2个柱体积，流出液即为纯化后酶蛋白(注：不要混入气泡)。

(2) 沉淀中包涵体的复性纯化(无包涵体产生可忽略此步骤)：

洗涤杂蛋白：平衡Buffer洗涤超声破碎后离心得到的沉淀三遍，每次洗涤后离心再溶解(中间倒掉上清)，洗涤至沉淀呈白色；

溶解包涵体：将IB(包涵体)溶解于8mol/L尿素，取10mL Buffer溶解，溶解时至于4℃中振荡溶解过夜，不溶物直接去除；

复性IB：①取溶解蛋白10mL，使用恒流泵(60r/min)在搅拌过程中加入平衡Buffer 90mL使尿素浓度降至0.8mol/L；②将①中溶液转移至透析袋中，用0.5mol/L尿素平衡Buffer透析2h，然后逐渐降低透析液中尿素浓度(0.5mol/L-0.3mol/L-0.1mol/L-0mol/L)，4℃下透析；③用Buffer(50mmol/L Tris-HCl，0.05mol/L NaCl，pH 8.0)透析12h，透析后即得复性后蛋白液，检测蛋白活性剂浓度；④上述复性蛋白进一步由Ni柱纯化[同步骤(1)中Ni柱纯化]。

(3) 纯化后酶液除盐(超滤法)：①超滤离心管中加入适量蒸馏水，3500rcf离心10min洗涤内管；②倒出蒸馏水，内管中加入适量纯化酶液，3500rcf离心10min至咪唑全部流入外管；③用不含咪唑的Buffer(50mmol/L Tris-HCl，0.05mol/L NaCl，pH 8.0)反复冲洗内管管壁上的滤膜，将膜上的蛋白洗下来后收集至新的离心管中即得除盐后的纯化酶液。

(4) SDS-PAGE电泳验证蛋白表达并检测纯化效果。

5 实验内容

将复苏后的重组大肠杆菌扩大培养并化学诱导其表达目标酶蛋白；获得目标酶蛋白并纯化蛋白，验证目标蛋白表达情况。

6 实验结果

电泳验证目标蛋白相对分子质量是否与理论相对分子质量相近，并由电泳检测蛋白纯化效果。

7 思考与讨论

(1) 阐述诱导温度和时间对目标蛋白表达的影响。
(2) 阐述超声破碎的条件对酶活性和蛋白可溶性的影响。
(3) 阐述蛋白纯化还有哪些方法。
(4) 阐述非变性电泳和变性电泳的区别。

实验二十六　褐藻胶裂解酶活性测定及酶动力学参数测定

1　实验目的

(1) 测定重组褐藻胶裂解酶的蛋白浓度并掌握相关操作。

(2) 测定酶活性并掌握其定义。

(3) 掌握酶反应动力学原理及测定方法。

2　实验原理

褐藻胶裂解酶降解三种褐藻胶底物后的不饱和产物末端在235nm下有紫外吸收，使用紫外分光光度计在235nm下检测紫外吸收，从而折算褐藻胶裂解酶的酶活力。酶活力单位(U)定义为：酶与底物的反应体系在235nm下，吸光值每分钟增加0.1所需要的酶量。比活力用每毫克蛋白所包含酶活力单位数来表示。

3　实验材料

(1) 0.5%(W/V)褐藻胶类底物。

称0.5g褐藻胶(Sigma-Aldrich)，80℃溶解于100mL蒸馏水，冷却后即可得到0.5%的褐藻胶。称0.5g聚甘露糖醛酸(polyM)/聚古罗糖醛酸(polyG)(青岛博智汇力)，溶解于100mL蒸馏水，即可得到0.5%聚甘露糖醛酸(polyM)/聚古罗糖醛酸(polyG)。

(2) 不同浓度(W/V)褐藻胶类底物。

同(1)中配制方法，分别配制不同浓度梯度(0.2mg/mL，0.4mg/mL，0.6mg/mL，0.8mg/mL，1.0mg/mL，2.0mg/mL，4.0mg/mL，6.0mg/mL，8.0mg/mL，10mg/mL)的三种底物。

(3) 纯化除盐的酶液。

(4) BCA蛋白浓度试剂盒。

(5) 移液枪、紫外可见光分光光度计、微量石英比色皿、酶标仪。

4　实验方法

4.1　蛋白浓度测定

根据BCA蛋白浓度测定试剂盒中的步骤测定蛋白浓度。

4.2 比活力测定

三种底物(0.5%)分别与已知蛋白浓度的酶液以3∶1的比例在室温下反应，235nm下监测反应进程600s，根据酶活定义确定重组酶对三种底物的酶活力，根据反应体系中所含酶蛋白的量(mg)计算得到酶对三种底物的比活力(U/mg)。

4.3 酶反应动力学

(1) 分别取不同浓度(0.2mg/mL，0.4mg/mL，0.6mg/mL，0.8mg/mL，1.0mg/mL，2.0mg/mL，4.0mg/mL，6.0mg/mL，8.0mg/mL，10mg/mL)的三种底物与酶液以3∶1的比例混合在室温下反应，235nm下监测反应进程600s，根据公式：V(mol/s)＝(milliAU/min×min/600s×AU/1000milliAU×1cm)/[6150L/(mol·cm)]×(2×10^{-4}L)，计算酶反应速率。

(2) 根据底物浓度与酶反应速率的关系进行双倒数作图计算出V_{max}，K_m，k_{cat}等酶反应动力学参数。

5 实验内容

通过酶活定义测定重组蛋白比活力，从而得到其底物特异性；通过反应动力学原理测得酶反应速率与底物浓度关系，从而计算得到反应动力学参数。

6 实验结果

计算得到酶比活力和V_{max}、K_m、k_{cat}等反应动力学参数，了解酶反应速率与底物浓度的关系。

7 思考与讨论

(1) 酶活定义还有哪些？

(2) 酶反应动力学参数的意义？

实验二十七　褐藻胶裂解酶的酶学性质表征

1　实验目的

（1）了解温度对重组酶活性的影响。

（2）了解 pH 值对重组酶活性的影响。

（3）了解金属离子和金属离子螯合剂 EDTA 对酶活性的影响。

2　实验原理

温度、pH 值和金属离子等条件的改变会影响褐藻胶裂解酶的酶活力和催化效率等性质，通过测定不同条件下的酶活力可以得到褐藻胶裂解酶最佳活性条件。

3　实验材料与仪器

（1）0.5%(W/V)褐藻胶类底物：称 0.5g 褐藻胶(Sigma-Aldrich)，80℃溶解于 100mL 蒸馏水，冷却后即可得到 0.5%的褐藻胶。称 0.5g 聚甘露糖醛酸(polyM)/聚古罗糖醛酸(polyG)(青岛博智汇力)，溶解于 100mL 蒸馏水，即可得到 0.5%聚甘露糖醛酸(polyM)/聚古罗糖醛酸(polyG)。

（2）纯化除盐的酶液。

（3）pH 缓冲液：50mmol/L 磷酸盐-柠檬酸盐(pH 4.0~5.0)，50mmol/L Na_2HPO_4-NaH_2PO_4(pH 6.0~8.0)，50mmol/L Tris-HCl(pH 8.0~9.0)，50mmol/L 甘氨酸-NaOH(pH 9.0~10.0)，50mmol/L Na_2HPO_4-NaOH(pH 11.0~12.0)。

（4）金属离子缓冲液：2mmol/L 的金属离子溶液(Na^+，K^+，Ni^+，Ca^{2+}，Mg^{2+}，Mn^{2+}，Zn^{2+}，Cu^{2+}，Co^{2+}，Fe^{3+})和金属离子螯合剂 EDTA。

（5）移液枪、通用水浴槽、酶标仪。

4　实验步骤

4.1　最适温度

将纯化好的酶液与 0.5%的褐藻胶按 1∶3 的比例混合，在不同温度(5~50℃)下反应 0.5h。使用 S DNS 法(将 DN 与终产物按 2∶1 的比例混合后于沸水浴中煮沸 10min，使用酶标仪在 540nm 下测定吸光值)测定酶活从而确定最适温度(三组平行)。

4.2 最适 pH 值

将纯化好的酶液、0.5%的褐藻胶以及 50mmol/L 不同 pH 缓冲液按 1∶3∶6 的比例混合，于 15℃（最适温度）水浴中反应 30min。使用 DNS 法测定酶活从而确定最适 pH 值。具体缓冲体系如材料所述（三组平行）。

4.3 温度稳定性

将纯化好的酶液在不同温度下（5~50℃）下孵育 1h，将孵育过后的酶冰浴 10min。将处理过后的酶液与 0.5%的褐藻胶按 1∶3 的比例混合，于 15℃水浴中反应 30min，用 DNS 法来测定残余活力。以活力最高的酶活定义为 100%相对酶活，从而来表征该酶的温度稳定性（三组平行）。

4.4 pH 稳定性

将纯化好的酶液与不同的 pH 缓冲液（同最适 pH 值）于 4℃中孵育 24h，孵育过后的酶液与 0.5%的褐藻胶按 1∶3 的比例混合，于 15℃水浴中反应 30min，用 DNS 法来测定残余活力。从而来表征该酶的 pH 稳定性（三组平行）。

4.5 金属离子及 EDTA 稳定性

将纯化好的酶液与 0.5%的褐藻胶按 1∶3 的比例混合，反应体系中分别添加终浓度为 1mmol/L 的金属离子和 EDTA，于 15℃中反应 30min，用 DNS 法来测定残余活力。用不添加任何金属离子的反应体系作为对照组（100%），从而来表征该酶的金属离子稳定性（三组平行）。

5 实验内容

通过 DNS 法测定反应生成的还原糖的量确定不同温度、不同 pH 值和不同金属离子存在时对重组酶活性的影响，以及不同温度和不同 pH 值环境下酶蛋白的稳定性。

6 实验结果

对吸收值的分析可以得出温度、pH 值和金属离子对酶活性的增强或抑制效果，并得出重组酶最佳反应条件。

7 思考与讨论

（1）DNS 法测定酶活的优势和劣势？

（2）温度、pH 值和金属离子如何影响酶活性？

实验二十八　褐藻胶裂解酶产物分析

1　实验目的

阐明重组褐藻胶裂解酶的产物分布和作用模式，并掌握相关实验技术。

2　实验原理

内切型褐藻胶裂解酶可以将褐藻胶类底物降解为聚合度 2 以上的寡糖，外切型褐藻胶裂解酶可以将褐藻胶类底物降解为 DP1 的不饱单糖。通过 TLC/FPLC(本实验使用 FPLC)分析产物分布，ESI-MS 验证产物结构可以得知褐藻胶裂解酶的作用模式(内切或外切)。

3　实验材料与仪器

(1) 0.5%(W/V)褐藻胶类底物：称 0.5g 褐藻胶(Sigma-Aldrich)，80℃溶解于 100mL 蒸馏水，冷却后即可得到 0.5%的褐藻胶。称 0.5g 聚甘露糖醛酸(polyM)/聚古罗糖醛酸(polyG)(青岛博智汇力)，溶解于 100mL 蒸馏水，即可得到 0.5%聚甘露糖醛酸(polyM)/聚古罗糖醛酸(polyG)。

(2) 纯化除盐的酶液。

(3) FPLC 流动相：0.2mol/L NH_4HCO_3，

(4) GE Health Superdex peptide 10/300 凝胶柱。

(5) 移液枪、通用水浴槽、快速蛋白液相色谱(FPLC)。

4　实验方法

4.1　底物降解反应

将纯化好的酶液与三种褐藻胶类底物(0.5%褐藻胶、polyM、polyG)按 1 : 3 的比例混合。于 15℃中反应，并于 0s、5min、10min、30min、1h、2h、6h、24h、48h 时间点进行取样，煮沸灭活。

4.2　样品纯化

离心后使用 0.45mm 水系滤头去除杂蛋白。

4.3　FPLC 分析

使用快速蛋白液相色谱(FPLC)配用 GE Health 的 Superdex peptide 10/300 凝胶柱，作为

分离检测设备。具体分离条件如下：流动相：200mmol/L 碳酸氢铵，流速：0.8mL/min，配备 235nm 紫外检测器。DP1、DP2、DP3、DP4、DP5、DP6 分别在 17~18mL、16~17mL、15~16mL、14~15mL、13~14mL、12~13mL 处出峰，收集相应峰的流出液作为质谱分析的样品。

4.4 ESI-MS 分析

负离子模式，质谱条件：离子源电压 4.5kV，毛细管温度 275~300℃，管状透镜 250V，鞘气 30AU，扫描质量范围 150~2000m/z；根据参考文献分析对应峰。

5 实验内容

通过 FPLC 结合分子筛分析反应产物的聚合度分布，再由质谱分析验证产物结构，根据内切/外切原理确认重组酶的作用模式。

6 实验结果

FPLC 所得吸收峰的出峰时间顺序和大小给出了产物的分布模式(聚合度)，质谱验证了 FPLC 中出现的相应峰值代表的产物。

7 思考与讨论

(1) 阐述 TLC 与 FPLC 在产物分析上的优缺点。
(2) 阐述随时间进行的产物降解模式。

实验二十九　壳聚糖酶重组质粒转化

1　实验目的

熟悉并掌握质粒转化操作，将包含目标壳聚糖酶基因的重组质粒[中间表达载体 pET-21a(+)]直接导入感受态细胞-E. Coli BL21(DE3)。

2　实验原理

质粒 DNA 黏附在细菌细胞表面，经过 42℃短时间的热击处理，促进吸收 DNA。

3　实验材料

LB(Luria-Bertani))培养基：酵母粉(Yeast extract)5g、蛋白胨(Peptone)10g、NaCl 10g、琼脂(Agar)1%~2%、蒸馏水(Distilled water)1000mL pH 7.0，无菌水、大肠杆菌感受态细胞 BL21(DE3)、重组质粒干粉[pET-21a(+)]。

高速冷冻台式离心机、单人净化工作台、电热恒温培养箱、通用水浴槽、蒸汽灭菌器、摇床培养箱。

4　实验方法

4.1　质粒转化

配制好适量 LB 液体培养基和 LB 固体培养基，蒸汽灭菌(121℃，20min)；LB 固体培养基(100mL 未凝固)在超净工作台中加入 100μL 抗生素贮备液，轻轻晃动混合均匀(不要有气泡产生)，倒平板(4 个)使凝固备用；质粒干粉(苏州金唯智公司合成)管 12000r/min 离心 1min；在超净工作台(提前灭菌)中加入 40μL 无菌水于质粒干粉管中，轻弹管身使溶解均匀；从-80℃中取出感受态细胞 BL21(DE3)，立刻置于冰浴中，使细胞在冰浴中融化，融化后加入 1μL 质粒溶液与感受态细胞菌液中(插入管底)；将感受态细胞与质粒混合液冰浴 30min(使稳定)；冰浴后 42℃水浴中热激 90s(促进质粒导入细胞)；热激后冰浴 2min，切勿摇动离心管。

4.2　细胞复苏

向离心管中加入 900μL LB 培养液(不含抗生素)，200r/min 摇床中 37℃培养 1h(复苏)；复苏后菌液在离心机中 2000r/min 离心 2min，吸出 900μL 上清液，沉淀重悬后涂布或划线于含抗生素的固体 LB 培养基上，电热恒温培养箱中 37℃倒置平板培养 12~16h 至单菌落清晰可见。

5 实验内容

中间载体质粒导入大肠杆菌感受态细胞并复苏细胞，使转化细胞成功生长。

6 实验结果

记录平板菌落成长情况，菌落应呈圆形半透明状且单一。

7 思考与讨论

(1) 转化过程各步骤的目的是什么(如热激)?
(2) 阐述大肠杆菌菌落特征，如何确定质粒已导入感受态细胞?

实验三十　壳聚糖酶重组质粒诱导表达及纯化

1　实验目的

（1）培养载体细胞生长并表达重组蛋白（CscA）。

（2）通过超声破碎、Ni 柱纯化等技术纯化蛋白获得纯的目标酶蛋白液并掌握蛋白纯化相关技术。

2　实验原理

大肠杆菌 BL21（DE3）是重要的原核表达体系。在重组基因转化入大肠杆菌菌株以后，通过温度的控制，诱导其在宿主菌内表达目的蛋白，将表达样品进行 SDS-PAGE 以检测表达蛋白。

提高外源基因表达水平的基本手段之一，就是将宿主菌的生长与外源基因的表达分成两个阶段，以减轻宿主菌的负荷。常用的有温度诱导和药物诱导。本实验采用异丙基硫代半乳糖苷，Isopropyl β-D-Thiogalactoside（IPTG）诱导外源基因表达。不同的表达质粒表达方法并不完全相同，因启动子不同，诱导表达要根据具体情况而定，本实验所用表达质粒为 pET-21a，抗性为氨苄青霉素。

亲和层析具有结合效率高、分离速度快的特点。配基可以是酶的底物、抑制剂、辅因子、特异性的抗体。吸附后可改变缓冲液的离子强度和 pH 值，洗脱下来，也可用更高浓度的同一配体溶液或亲和力更强的配体溶液洗脱。如金属螯合介质，过渡金属离子 Cu^{2+}、Zn^{2+}和 Ni^{2+}等以亚胺络合物的形式键合到固定相上，由于这些金属离子与色氨酸、组氨酸和半胱氨酸之间形成了配价键，从而形成了亚胺金属-蛋白螯合物，使含有这些氨基酸的蛋白被这种金属螯合亲和色谱的固定相吸附（本实验为 Ni^{2+}）。螯合物的稳定性受单个组氨酸和半胱氨酸解离常数所控制，从而亦受流动相的 pH 值和温度的影响，控制条件可以使不同蛋白相互分离。

3　实验材料

（1）LB（Luria-Bertani）培养基：酵母粉（Yeast extract）5g，蛋白胨（Peptone）10g，NaCl 10g，琼脂（Agar）1%～2%，蒸馏水（Distilled water）1000mL pH 7.0。

（2）IPTG 贮备液：2g IPTG 溶于 10mL 蒸馏水中，0.45μm 滤膜过滤除菌，分装成 1mL/份，-20℃保存。

（3）抗生素贮备液：100mg/mL 氨苄青霉素钠，-20℃保存。

（4）5×SDS-PAGE 上样缓冲液（碧云天）。

（5）SDS-PAGE 电泳缓冲液（5×Tris-Glycine Buffer）：0.25mol/L Tris，1.25mol/L Glycine，0.5%（W/V）SDS。

（6）Ni 柱（5mL 柱体积，金斯瑞），Ni 柱纯化缓冲液：

A. Binding Buffer：100mmol/L Tris-HCl，300mmol/L 氯化钠，10mmol/L 咪唑，pH 8.0。

B. Wash Buffer：100mmol/L Tris-HCl，300mmol/L 氯化钠，20mmol/L 咪唑，pH 8.0。

C. Elution Buffer：100mmol/L Tris-HCl，300mmol/L 氯化钠，250mmol/L 咪唑，pH 8.0。

（7）高速冷冻台式离心机、单人净化工作台、电热恒温培养箱、通用水浴槽、蛋白电泳仪、蒸汽灭菌器、摇床培养箱、超声波细胞粉碎机、恒流泵（HL-2B）、超滤离心管（30kDa）。

4 实验方法

4.1 重组蛋白表达

液体 LB 培养基（100mL）中接入 100μL 抗生素液混匀后，挑取转化成功后固体平板上的单菌落于液体培养基中；于 200r/min 摇床中 37℃ 培养 8～12h；菌液浑浊，OD_{600} 值为 0.4～0.6 时在超净工作台中向菌液中加入 10μL IPTG 混匀，200r/min 摇床中 22℃ 诱导培养 24～36h。

4.2 重组蛋白纯化

（1）7000r/min 离心菌液 5min，去除上清液，沉淀用 25mL Binding Buffer 重悬；重悬菌液于冰浴中超声破碎（70%功率，15min），7000r/min 离心破碎菌液 5min；离心后上清液即为粗酶液，粗酶液需全程于冰浴中保存，粗酶液过膜（水系滤头 0.45μm）去除大颗粒杂质；过膜后粗酶液经 Ni 柱（5mL 柱体积）纯化，具体步骤如下：Ni 柱由恒流泵连接至出样口，进样口接入蒸馏水 30r/min 水洗 Ni 柱两个柱体积（10mL）；Binding Buffer 30r/min 平衡 Ni 柱 2 个柱体积；粗酶液（冰浴）30r/min 上样 3 次（每次接出的流出液再次上样，循环 3 次）；Binding Buffer 30r/min 平衡 Ni 柱 2 个柱体积；Washing Buffer 30r/min 洗涤 Ni 柱中的杂蛋白 10 个柱体积；Elution Buffer 30r/min 洗脱目标蛋白 2 个柱体积，流出液即为纯化后酶蛋白（注：不要混入气泡）。

（2）纯化后酶液除盐（超滤法）：①超滤：离心管中加入适量蒸馏水，3500rcf 离心 10min 洗涤内管；②倒出蒸馏水，内管中加入适量纯化酶液，3500rcf 离心 10min 至咪唑全部流入外管；③用不含咪唑的 Buffer（50mmol/L Tris-HCl，0.05mol/L NaCl，pH 8.0）反复冲洗内管管壁上的滤膜，将膜上的蛋白洗下来后收集至新的离心管中即得除盐后的纯化酶液。

（3）SDS-PAGE 电泳验证蛋白表达并检测纯化效果。

5 实验内容

将复苏后的重组大肠杆菌扩大培养并化学诱导其表达目标酶蛋白；获得目标酶蛋白并纯化蛋白，验证目标蛋白表达情况。

6 实验结果

电泳验证目标蛋白相对分子质量是否与理论相对分子质量相近，并由电泳检测蛋白纯化效果。

7 思考与讨论

（1）阐述诱导温度和时间对目标蛋白表达的影响。

（2）阐述超声破碎的条件对酶活性和蛋白可溶性的影响。

（3）阐述蛋白纯化还有哪些方法。

（4）阐述非变性电泳和变性电泳的区别。

实验三十一　壳聚糖酶活性测定及酶动力学参数测定

1　实验目的

(1) 测定重组壳聚糖酶的蛋白浓度并掌握相关操作。
(2) 测定酶活性并掌握其定义。
(3) 掌握酶反应动力学原理及测定方法。

2　实验原理

壳聚糖酶降解壳聚糖底物后的还原糖与二硝基水杨酸(DNS)发生氧化还原反应生成3-氨基-5-硝基水杨酸，该产物在煮沸条件下显棕红色，且在一定浓度范围内颜色深浅与还原糖含量成比例关系。使用酶标仪在540nm下检测吸光度，通过标准曲线折算壳聚糖酶的酶活力。酶活力单位(U)定义为：在60℃和pH 5.0的反应条件下，每分钟每毫升酶液参与反应生成的还原糖的μmol数。比活力用每毫克蛋白所包含酶活力单位数来表示。

3　实验材料

(1) 1%(W/V)壳聚糖底物：称1g壳聚糖(Solarbio)，80℃溶解于1%乙酸溶液，再加200mmol/L乙酸钠溶液调pH至5.0，定容至100mL，冷却后即可得到1%的壳聚糖。

(2) 不同浓度(W/V)壳聚糖底物：同(1)中配制方法，分别配制不同浓度梯度(0.2mg/mL，0.4mg/mL，0.6mg/mL，0.8mg/mL，1.0mg/mL，2.0mg/mL，4.0mg/mL，6.0mg/mL，8.0mg/mL，10mg/mL)的壳聚糖底物。

(3) DNS试剂：

甲液：溶解6.9g结晶酚于15.2mL 10% NaOH中，用蒸馏水稀释至69mL，再加入6.9g $NaHSO_3$。

乙液：称取255g酒石酸钾钠，加到300mL 10%(W/V)NaOH中，再加入880mL 1%(W/V)3,5-二硝基水杨酸溶液，需用70℃水浴加热促溶。

将甲液与乙液混合即得到黄色DNS试剂，存放于棕色瓶中，用锡纸包好，避光保存，室温下放置7~10天后可使用。

(4) 氨基葡萄糖盐酸盐。
(5) 纯化除盐的酶液。
(6) Bradford蛋白浓度试剂盒。
(7) 移液枪、容量瓶、酶标仪。

4 实验方法

4.1 蛋白浓度测定

根据 Bradford 蛋白浓度测定试剂盒中的步骤测定蛋白浓度。

4.2 壳聚糖酶活力的测定

4.2.1 DNS 法标准曲线的制定

准确称取 0.1000g 的氨基葡萄糖盐酸盐，于烧杯中溶解后移至 100mL 容量瓶中定容，摇匀后即为 1mg/mL 的标准溶液。用蒸馏水将标准溶液梯度稀释至 0，0.25mg/mL、0.3125mg/mL、0.375mg/mL、0.4375mg/mL、0.5mg/mL、0.5625mg/mL。将不同浓度的氨基葡萄糖标准溶液与 DNS 试剂 1∶1 混合，沸水浴 10min，冷却后测定 540nm 的吸光度。以氨基葡萄糖浓度为横坐标，OD_{540}为纵坐标，蒸馏水作空白对照，绘制标准曲线，斜率为 k，截距为 b。

4.2.2 壳聚糖酶酶比活力的测定

壳聚糖底物(1% W/V)与已知蛋白浓度的酶液以 9∶1 的比例在 60℃下反应 30min，加入与反应体系等量的 DNS 溶液终止反应，煮沸 10min 显色后 12000r/min 离心 5min，540nm 处测吸光值。酶活计算公式为：

$$酶活(U)=(OD_{540}-b)\times 稀释倍数\times 10/k/30min$$

式中，b 为截距，k 为斜率。根据反应体系中所含酶蛋白的量(mg)计算得到酶对壳聚糖底物的比活力(U/mg)。

4.3 酶反应动力学

分别取不同浓度(0.2mg/mL、0.4mg/mL、0.6mg/mL、0.8mg/mL、1.0mg/mL、2.0mg/mL、4.0mg/mL、6.0mg/mL、8.0mg/mL、10mg/mL)的壳聚糖底物、与酶液以 9∶1 的比例在 60℃水浴锅中反应 30min，按照 4.2.2 的方法测定酶活力，之后通过双倒数曲线，计算 K_m 和 V_{max}。

5 实验内容

通过酶活定义测定重组蛋白比活力；通过反应动力学原理测得酶反应速率与底物浓度关系，从而计算得到反应动力学参数。

6 实验结果

计算得到酶比活力和 V_{max}，K_m，k_{cat} 等反应动力学参数，了解酶反应速率与底物浓度的关系。

7 思考与讨论

(1) 酶活定义还有哪些？

(2) 阐述酶反应动力学参数的意义。

实验三十二　壳聚糖酶的酶学性质表征

1　实验目的

（1）了解温度对重组酶活性的影响。

（2）了解 pH 值对重组酶活性的影响。

（3）了解金属离子和金属离子螯合剂 EDTA 对酶活性的影响。

2　实验原理

温度、pH 值和金属离子等条件的改变会影响壳聚糖酶的酶活力和催化效率等性质，通过测定不同条件下的酶活力可以得到壳聚糖酶最佳活性条件。

3　实验材料

（1）1%（W/V）壳聚糖底物：称取 1g 壳聚糖（Solarbio），80℃溶解于 1%乙酸溶液，再加 200mmol/L 乙酸钠溶液调 pH 值至 5.0，定容至 100mL，冷却后即可得到 1%的壳聚糖。

（2）不同 pH 的 1%（W/V）壳聚糖底物：称取 1g 壳聚糖，80℃溶解于 1%乙酸溶液，再加 200mmol/L 乙酸钠溶液调 pH 值至 3.0~6.0，定容至 100mL，冷却后即可得到 pH 3.0~6.0 的 1%的壳聚糖。

称取 1g 壳聚糖，80℃溶解于 1%乙酸溶液，再加 200mmol/L Tris 溶液调 pH 至 6.0~8.0，定容至 100mL，冷却后即可得到 pH 6.0~8.0 的 1%的壳聚糖。

（3）纯化除盐的酶液。

（4）pH 缓冲液：50mmol/L 乙酸-乙酸钠（pH 3.0~6.0），50mmol/L Na_2HPO_4-NaH_2PO_4（pH 7.0~8.0），50mmol/L 甘氨酸-NaOH（pH 9.0~10.0）。

（5）金属离子缓冲液：2mmol/L 的金属离子溶液（Na^+，K^+，Ni^+，Ca^{2+}，Mg^{2+}，Mn^{2+}，Zn^{2+}，Cu^{2+}，Co^{2+}，Fe^{3+}）和金属离子螯合剂 EDTA。

（6）移液枪、通用水浴槽、酶标仪。

4　实验步骤

4.1　最适温度

将纯化好的酶液与 1%的壳聚糖底物按 1∶9 的比例混合，在不同温度（25~70℃）中反应 30min。使用 DNS 法测定酶活从而确定最适温度（三组平行）。

4.2 最适 pH 值

将纯化好的酶液与 1%不同 pH 值(3.0~8.0)的壳聚糖底物在 60℃中反应 30min。使用 DNS 法测定酶活从而确定最适 pH 值。(三组平行)。

4.3 温度稳定性

将纯化好的酶液在不同温度下(25~70℃)下孵育 1h。将孵育过后的酶与 pH 5 的 1%的壳聚糖按 1：9 的比例混合，于 60℃水浴中反应 30min，用 DNS 法来测定残余活力。以活力最高的酶活定义为 100%相对酶活，从而来表征该酶的温度稳定性(三组平行)。

4.4 pH 稳定性

将纯化好的酶液用不同的 pH 值的缓冲液(pH 3.0~10.0)稀释，于 4℃中孵育 1h，孵育过后的酶液与 1%的壳聚糖(pH 5.0)按 1：9 的比例混合，于 60℃水浴中反应 30min，用 DNS 法来测定残余活力，从而来表征该酶的 pH 稳定性(三组平行)。

4.5 金属离子及 EDTA 稳定性

将纯化好的酶液用含有不同金属离子或 EDTA 的缓冲液稀释，于 4℃中孵育 1h，孵育过后的酶液与 1%的壳聚糖(pH 5.0)于 60℃中反应 30min，用 DNS 法来测定残余活力。用不添加任何金属离子的反应体系作为对照组(100%)，从而来表征该酶的金属离子稳定性(三组平行)。

5 实验内容

通过 DNS 法测定反应生成的还原糖的量确定不同温度、不同 pH 值和不同金属离子存在时对重组酶活性的影响，以及不同温度和不同 pH 值环境下酶蛋白的稳定性。

6 实验结果

对吸收值的分析可以得出温度、pH 值和金属离子对酶活性的增强或抑制效果，并得出重组酶最佳反应条件。

7 思考与讨论

(1) 阐述 DNS 法测定酶活的优势和劣势。
(2) 温度、pH 值和金属离子如何影响酶活性?

实验三十三　壳聚糖酶的产物分析

1　实验目的

阐明重组壳聚糖酶的产物分布和作用模式并掌握相关实验技术。

2　实验原理

内切型壳聚糖酶可以将壳聚糖底物降解为聚合度2以上的寡糖，外切型壳聚糖酶可以将壳聚糖底物降解为DP1的不饱和单糖。通过TLC/HPLC(本实验使用TLC)分析产物分布，ESI-MS验证产物结构可以得知壳聚糖酶的作用模式(内切或外切)。

3　实验材料与仪器

(1) 1%(W/V)壳聚糖底物：称取1g壳聚糖(Solarbio)，80℃溶解于1%乙酸溶液，再加200mmol/L乙酸钠溶液调pH值至5.0，定容至100mL，冷却后即可得到1%的壳聚糖。

(2) 纯化除盐的酶液。

(3) TLC展开剂：正丁醇：水：乙酸：氨水(10：5：5：1)

(4) TLC显色剂：0.1%茚三酮(溶于乙醇)。

(5) 移液枪、通用水浴槽、TLC展开皿、硅胶板。

4　实验方法

4.1　底物降解反应

将纯化好的酶液与1%壳聚糖底物按1：9的比例混合。于60℃中反应，并于0min、5min、10min、30min、1h、2h、6h、12h、24h、48h时间点进行取样，煮沸灭活。

4.2　样品纯化

离心后使用0.45μm水系滤头去除杂蛋白。

4.3　TLC分析

将硅胶板在60℃烘箱中烘2h，在距底部1cm处从左到右进行点样，点样量为1μL，间距为1cm。在展开皿中加入适量展开剂，将硅胶板放入展开剂中进行展开。展开后用吹风机吹干，喷洒显色剂，将硅胶板置于烘箱中130℃下加热10min，显色后分析水解产物组成。

4.4 ESI-MS 分析

正离子模式，质谱条件：溶剂为纯甲醇，离子源电压 3.5kV，离子源温度 180℃，锥孔电压 60V，脱溶剂温度 500℃，锥孔气流量 50L/h，脱溶剂气流量 800L/h，扫描质量范围 50~2000m/z；根据参考文献分析对应峰。

5 实验内容

通过 TLC 分析反映产物的聚合度分布，再由质谱分析验证产物结构，根据内切/外切原理确认重组酶的作用模式。

6 实验结果

TLC 的显色反映对应的产物的产生，颜色的深浅和点的大小反映产物的浓度，质谱验证了 TLC 中出现的相应峰值代表的产物。

7 思考与讨论

（1）阐述 TLC 与 HPLC 在产物分析上的优缺点。
（2）阐述随时间进行的产物降解模式。

实验三十四 κ-卡拉胶酶重组质粒的转化

1 实验目的

通过本次实验熟练掌握质粒的转化操作，了解每一步操作的原理与目的。

2 实验原理

转化：是将外源 DNA 分子引入受体细胞，使之获得新的遗传性状的一种手段，它是微生物遗传、分子遗传、基因工程等研究领域的基本实验技术。

在 0℃低温处理大肠杆菌感受态细胞时，细胞膨胀成球形，DNA 可吸附在其表面。在短暂的热冲击(如 42℃)下，细胞可吸收外源 DNA。

3 实验材料

(1) 试剂：LB(Luria-Bertani)培养基：酵母粉(Yeast extract)5g、蛋白胨(Peptone)10g、NaCl 10g、琼脂(Agar)1%~2%、蒸馏水(Distilled water)1000mL pH 7.0。

(2) 仪器：高速冷冻台式离心机、单人净化工作台、电热恒温培养箱、通用水浴槽、蒸汽灭菌器、摇床培养箱。

(3) 其他：大肠杆菌感受态细胞 BL21(DE3)、重组质粒干粉[pET-21a(+)]、无菌水。

4 实验方法

4.1 质粒转化

将构建好的合成质粒干粉管(冻干)在转速为 12000r/min 下离心 1min，尽可能使干粉落入瓶底；在超净工作台中(提前灭菌通风 30min)，向离心后的质粒干粉管加入 40μL 的无菌水，混合均匀，以备待用；将从-80℃中取出的大肠杆菌感受态细胞 BL21(DE3)置于冰浴中，待细胞化冻后在超净工作台中加入 1μL 质粒溶液；加入质粒后的感受态组胞冰浴 30min，使其稳定；随后将感受态细胞在 42℃水浴槽中热激 90s，使其促进质粒的导入；热激后冰浴 2min。

4.2 平板培养

向导入质粒后的感受态细胞离心管中加入 900μL LB 培养基(不含抗生素)，200r/min 摇床中复壮培养 1h；复壮后的离心管 2500r/min 离心 3min，吸掉上清液，沉淀重悬；吸取重悬后的沉淀涂布或画线于含抗生素的固体 LB 培养平板上；标记平板日期、名称，倒置平板于37℃恒温培养箱培养12~16h，直至单菌落清晰可见。

5 实验内容

将重组质粒成功导入大肠杆菌感受态细胞并使其复壮；在固体培养基上成功培养出单菌落。

6 实验结果

记录平板上长出的菌落，看与预期结果是否相同，大肠杆菌感受态单菌落应呈现乳白色且表面光滑的圆形形状。

7 思考与讨论

（1）根据本实验，影响转化率的因素有哪些？

（2）如果在培养的平板上长出了一些杂菌落，最有可能是哪步操作出现了问题？

实验三十五 κ-卡拉胶酶重组质粒的诱导表达

1 实验目的

了解和掌握 IPTG 诱导表达的原理和操作方法。

2 实验原理

蛋白的表达：将克隆基因插入合适载体后导入宿主细胞表达大量目的蛋白的方法。本实验中选用的是 E. coli 表达系统，表达质粒为 pET-21a(+)，含氨苄青霉素抗性基因，采用异丙基硫代-β-D-半乳糖苷(IPTG)诱导外源基因表达。

IPTG 诱导原理：*Escherichia coli* 的乳糖操纵子(元)含 Z、Y 及 A 三个结构基因，分别编码半乳糖苷酶、透酶和乙酰基转移酶，此外还有一个操纵序列 0、一个启动序列 P，及一个调节基因 I。I 基因编码一种阻遏蛋白，后者与 0 序列结合，使操纵子(元)阻遏而处于关闭状态。在启动序列 P 上游还有一个分解(代谢)物基因激活蛋白(CAP)结合位点。由 P 序列、0 序列和 CAP 结合位点共同构成 Lac 操纵子的调控区，三个酶的编码基因即由同一调控区调节，实现基因产物的协调表达。在没有乳糖存在时，Lac 操纵子(元)处于阻遏状态。此时，I 序列在 PI 启动序列操纵下表达的 Lac 阻遏蛋白与 0 序列结合，阻碍 RNA 聚合酶与 P 序列结合，抑制转录起动。当有乳糖存在时，Lac 操纵子(元)即可被诱导。在这个操纵子(元)体系中，真正的诱导剂并非乳糖本身。乳糖进入细胞，经 β-半乳糖苷酶催化，转变为半乳糖。后者作为一种诱导剂分子结合阻遏蛋白，使蛋白构象变化，导致阻遏蛋白与 0 序列解离、发生转录。

异丙基硫代半乳糖苷(IPTG)是一种作用极强的诱导剂，不被细菌代谢而十分稳定，因此被实验室广泛应用。

3 实验材料

(1) 试剂：

LB(Luria-Bertani)培养基：酵母粉(Yeast extract)5g、蛋白胨(Peptone)10g、NaCl 10g、蒸馏水(Distilled water)1000mL pH 7.0。

IPTG 贮备液：2g IPTG 溶于 10mL 蒸馏水中，0.45μm 滤膜过滤除菌，分装成 1mL/份，-20℃保存。

抗生素贮备液：1g 氨苄青霉素钠溶于 10mL 蒸馏水中，即配制成 100mg/mL 氨苄青霉素钠，-20℃保存。

Binding Buffer 缓冲液：10mmol/L Tris - HCl、600mmol/L NaCl、10mmol/L 咪唑，pH 8.0；

DNS 试剂：甲液：称取 6.9g 结晶酚并溶于 15.2mL 10% NaOH 中，用蒸馏水稀释至 69mL，再加入 6.9g $NaHSO_3$。乙液：称取 255g 酒石酸钾钠，加入 300mL 10%(W/V) NaOH 中，再加入 880mL 1%(W/V) 3,5-二硝基水杨酸溶液，置于 70℃ 水浴加热促溶。将甲液与乙液混合即得到黄色 DNS 试剂，存放于棕色瓶中，室温条件下避光保存 7~10 天后使用；

0.5%(W/V) κ-卡拉胶底物：称 0.5g κ-卡拉胶，80℃溶解于 100mL 蒸馏水，冷却后即可得到 0.5%的 κ-卡拉胶溶液。

（2）仪器：高速冷冻台式离心机、单人净化工作台、电热恒温培养箱、通用水浴槽、蒸汽灭菌器、摇床培养箱、紫外分光光度计、称量天平、涡旋振荡混匀器、超声波细胞粉碎机。

（3）其他：无菌水、冰块。

4 实验方法

4.1 诱导表达

LB 液体培养基(100mL)灭菌冷却后，加入 100μL 抗生素混匀，挑接已转化成功的固体平板中的单菌落于培养基中；200r/min、37℃培养 10~12h，直至 OD_{600} 达到 0.6 左右；将扩大培养后的培养基于超净工作台中(提前灭菌)加入 20μL IPTG 混匀，诱导表达于 200r/min 22℃下培养 24~36h。

4.2 破菌验证

将培养后的三角瓶分装到 50mL 离心管；6000r/min 离心 5min；去掉上清液，保留菌液，加入 Binding Buffer 10mL；振荡器振荡重悬使其混合均匀；冰浴中超声破碎(2s/3s 70%功率，破菌时间为 15min)；破菌后 6000r/min 离心 5min，取上清液即为粗酶液，置于冰上备用或-20℃保存；取上清液 100μL 与 300μL 底物 0.5% κ-卡拉胶室温反应 15min；反应完成后加入 800μL DNS 沸水浴 10min，验证有无酶活。

5 实验内容

将已转化成功并复苏的大肠杆菌扩大培养并通过诱导剂成功诱导表达其目的蛋白。

6 实验结果

通过 DNS 验证，若颜色变为棕色，则代表目的蛋白表达成功，否则未表达或没有酶活。

7 思考与讨论

（1）用 IPTG 诱导表达的时间是否越长越好？为什么？

（2）如果发现诱导后目标蛋白没有表达应该采取什么措施？

实验三十六 κ-卡拉胶酶的磁珠纯化

1 实验目的

通过磁珠纯化获得具有单一条带的电泳图，熟练并掌握磁珠纯化的原理和方法。

2 实验原理

His-tag 蛋白纯化磁珠可以高效、快速纯化组氨酸标签蛋白。His-tag 蛋白纯化磁珠是在琼脂糖微球的内部填充磁性内核，在表面固定金属离子 Ni^{2+} 或 Co^{2+}，Ni^{2+} 或 Co^{2+} 可以和蛋白 His 标签中组氨酸形成配位键，将目标蛋白结合到磁珠上，最后通过磁性分离器分离出来。

纯化结果分析的依据：电泳图，建议通过用粗蛋白液、流穿液(蛋白结合到磁珠上剩余的液体)、洗涤液、洗脱液跑 SDS-PAGE 凝胶电泳，以便分析实验结果。

3 实验材料

(1) 试剂：

磁珠纯化缓冲液：

结合缓冲液(Binding Buffer)：10mmol/L Tris-HCl、600mmol/L NaCl、10mmol/L 咪唑，pH 8.0；

清洗缓冲液(Washing Buffer)：10mmol/L Tris-HCl、600mmol/L NaCl、20mmol/L 咪唑，pH 8.0；

洗脱缓冲液(Elution Buffer)：10mmol/L Tris-HCl、600mmol/L NaCl、250mmol/L 咪唑，pH 8.0；

超滤洗脱缓冲液：50mmol/L Tris-HCl、0.05mol/L NaCl，pH 8.0；

5×SDS-PAGE 上样缓冲液(碧云天)；

SDS-PAGE 电泳缓冲液(5×Tris-Glycine Buffer)：0.25mol/L Tris，1.25mol/L Glycine，0.5%(W/V)SDS；

20%的乙醇溶液：2mL 的无水乙醇与 8mL 蒸馏水充分混匀。

(2) 仪器：高速冷冻台式离心机、磁性分离器、蛋白电泳仪。

(3) 其他：超滤离心管(30kDa)、无菌水。

4 实验方法

4.1 磁珠纯化蛋白

(1) 样品准备：将制备好的上清粗酶液过膜(水系滤头 0.45μm)去除大颗粒杂质，冰浴保存。

(2) 磁珠准备：将 Ni-IDA Magnetic Beads(德泰生物)充分混匀，使用移液器取 2.5mL 的磁珠悬浮液，置于离心管中，将离心管置于磁分离器上，待溶液变澄清后，用移液器吸弃上清液。

(3) 磁珠平衡：将离心管从磁分离器上取下来，加入 2mL 的 Binding Buffer，使用枪头反复吹打 5~10 次，将离心管置于磁分离器上，待溶液变澄清后，用移液器吸弃上清液，重复上述步骤 2 次。

(4) 目的蛋白纯化：磁珠结合目的蛋白：将 10mL 破碎液加入平衡好的磁珠中，颠倒混匀。将离心管置于混合仪上，置于 4℃下孵育 4h。

(5) 洗杂：将离心管置于磁分离器，待溶液变澄清后，用移液器移出上清液，保留，以备取样检测。向离心管中加入 3mL 的 Washing Buffer，使用枪头反复吹打 5~10 次，将离心管置于磁分离器上，待溶液变澄清后，用移液器吸取上清液，保留，以备取样检测。重复上述步骤 2 次。

(6) 洗脱：目标蛋白可以根据需要改变洗脱体积从而调整洗脱下的目标蛋白浓度。建议将 2.5mL Elution Buffer 加入离心管中，使用移液器轻轻吹打 3~5 次，混匀，将离心管置于磁分离器上，待溶液变澄清后，用移液器吸取上清液，即为目的蛋白组分。如有需要，可以重复上述步骤 2~3 次，以提高目的蛋白的回收量。

(7) 磁珠后处理：向装有磁珠的离心管中加入 3mL Washing Buffer，用移液器反复吹打 3~5 次，使磁珠充分悬浮，然后置于磁分离器，吸弃上清液，重复该操作 2 次。

向该离心管中加入 3mL 去离子水，用移液器反复吹打 3~5 次，使磁珠充分悬浮，然后，置于磁分离器，吸弃上清液，重复该操作 2 次。

(8) 磁珠保存：加入 20%的乙醇溶液，使总体积等于初始磁珠悬浮液的体积，保存于 2~8℃。

4.2 纯化后酶液除盐(超滤法)

(1) 超滤离心管中加入适量蒸馏水，3500rcf 离心 6min 洗涤内管。

(2) 倒出蒸馏水，内管中加入适量纯化后的酶液，3500rcf 离心 6min 至咪唑全部流入外管。

(3) 用不含咪唑的 Buffer(50mmol/L Tris-HCl，0.05mol/L NaCl pH 8.0)反复冲洗内管管壁上的滤膜，将膜上的蛋白洗下来后收集至新的离心管中即得除盐后的纯化酶液。

4.3 SDS-PAGE 电泳验证蛋白表达并检测磁珠纯化效果

5 实验内容

通过磁珠纯化杂蛋白，获得纯化度较高的目的蛋白，SDS-PAGE 验证目的蛋白纯化效果。

6 实验结果

通过比对粗蛋白液、流穿液、洗涤液、洗脱液的凝胶电泳，验证磁珠纯化效果。

通过比对目标蛋白相对分子质量是否与理论相对分子质量相近，验证是否获得目标蛋白酶液。

7 思考与讨论

（1）阐述磁珠纯化的优缺点。

（2）影响最终目的蛋白浓度的因素有哪些？

（3）蛋白纯化的方法还有哪些？

实验三十七　κ-卡拉胶酶的酶学性质表征

1　实验目的

通过本实验了解温度对酶活力的影响、pH 值对酶活力的影响、金属离子和金属离子螯合剂 EDTA 对酶活力的影响，从而加深对酶性质的认识。

2　实验原理

在不同温度、不同 pH 值、不同金属离子以及 EDTA 存在与否的条件下，会改变 κ-卡拉胶酶的酶活力以及催化效率。因此，在这种情况下通过测定不同条件下的酶活力，就可以得知 κ-卡拉胶酶的最适反应条件。

3　实验材料

（1）试剂：

0.5%(W/V)κ-卡拉胶底物：称 0.5g κ-卡拉胶，80℃溶解于 100mL 蒸馏水，冷却后即可得到 0.5%的 κ-卡拉胶溶液；

DNS 试剂：甲液：称取 6.9g 结晶酚并溶于 15.2mL 10% NaOH 中，用蒸馏水稀释至 69mL，再加入 6.9g $NaHSO_3$。乙液：称取 255g 酒石酸钾钠，加入 300mL 10%(W/V)NaOH 中，再加入 880mL 1%(W/V)3,5-二硝基水杨酸溶液，置于 70℃水浴加热促溶。将甲液与乙液混合即得到黄色 DNS 试剂，存放于棕色瓶中，室温条件下避光保存 7~10 天后使用；

pH 缓冲液：50mmol/L 磷酸盐-柠檬酸盐(pH 4.0~5.0)，50mmol/L Na_2HPO_4-NaH_2PO_4(pH 6.0~8.0)，50mmol/L Tris-HCl(pH 8.0~9.0)，50mmol/L 甘氨酸-NaOH(pH 9.0~10.0)，50mmol/L Na_2HPO_4-NaOH(pH 11.0~12.0)；

金属离子缓冲液：2mmol/L 的金属离子溶液(Na^+，K^+，Ni^+，Ca^{2+}，Mg^{2+}，Mn^{2+}，Zn^{2+}，Cu^{2+}，Co^{2+}，Fe^{3+})和金属离子螯合剂 EDTA。

（2）仪器：移液枪、通用水浴槽、酶标仪。

（3）其他：纯化超滤后的 κ-卡拉胶酶、无菌水。

4　实验方法

4.1　最适温度

按照 κ-卡拉胶酶：0.5% κ-卡拉胶=1：3(30μL：90μL)的比例加入离心管中，在不同温度下(25℃、30℃、35℃、40℃、45℃)孵育 30min，之后按照 1：2 的比例加入 120μL 的

DNS，沸水浴 10min，540nm 测定吸光值(每组设三个平行，取平均值)。

4.2 最适 pH 值

按照 κ-卡拉胶酶：0.5% κ-卡拉胶：50mmol/L 不同的 pH 缓冲液 = 1：3：6(30μL：90μL：180μL)的比例于离心管中混合均匀，在 35℃(最适温度)下反应 30min，之后按照 1：2的比例加入 240μL 的 DNS，沸水浴 10min，540nm 测定吸光值(每组设三个平行，取平均值)。

4.3 温度稳定性

取 10μL 酶液在 25℃、30℃、35℃、40℃、45℃孵育 1h，然后冰浴 10min。取处理后的酶液按照 κ-卡拉胶酶：0.5% κ-卡拉胶 = 1：3(10μL：30μL)的比例于 35℃(最适温度)下反应 30min，之后按照 1：2 的比例加入 80μL 的 DNS，沸水浴 10min，540nm 测定吸光值(每组设三个平行，取平均值)。

4.4 pH 稳定性

按照 κ-卡拉胶酶：50mmol/L 不同的 pH 缓冲液 = 1：6(40μL：240μL)的比例于离心管中混合均匀，在 4℃下孵育 24h，孵育后加入 120μL 0.5% κ-卡拉胶于 35℃水浴中反应 30min，之后按照 1：2 的比例加入 320μL 的 DNS，沸水浴 10min，540nm 测定吸光值(每组设三个平行，取平均值)。

4.5 金属离子及 EDTA 稳定性

按照 κ-卡拉胶酶：金属离子/EDTA = 1：4(50μL：200μL)的比例于离心管中混合均匀，在 4℃下孵育 6h，孵育后加入 150μL 0.5% κ-卡拉胶于 35℃水浴中反应 30min，之后按照 1：2的比例加入 400μL 的 DNS，沸水浴 10min，540nm 测定吸光值(每组设三个平行，取平均值)。

5 实验内容

通过 DNS 法测定反应生成的还原糖的量来确定在不同温度、不同 pH 值和不同金属离子存在时对 κ-卡拉胶酶活性的影响，以及不同温度和不同 pH 值环境下酶蛋白的稳定性。

6 实验结果

通过 DNS 法，在吸光值为 540nm 处测定吸光度，得出不同温度、不同 pH 值、不同金属离子以及 EDTA 对酶活性的增强或抑制效果，确定 κ-卡拉胶酶最适反应条件。

7 思考与讨论

(1) DNS 法测定酶活的原理是什么?

(2) 通过以上几个酶学实验，总结影响该酶活性的因素有哪些? 在什么条件下该酶的活性最高?

实验三十八 κ-卡拉胶酶的降解产物分析

1 实验目的

学习了解 κ-卡拉胶酶的降解产物分布，掌握薄层层析的基本原理和分离鉴别有机化合物的操作方法。

2 实验原理

κ-卡拉胶酶在最适温度孵育的条件下，获得不同时间段的降解产物，再利用薄层层析法分析各个降解产物，从而了解 κ-卡拉胶酶的降解产物分布，最终通过 ESI-MS 验证产物结构可以得知 κ-卡拉胶酶的作用模式(内切或外切)。

薄层层析法原理(TLC)：该法属于固-液吸附层析的类型。通常是把吸附剂放在玻璃板上成为一个薄层，为固定相，以有机溶剂作为流动相。实验时，把要分离的混合物滴在薄层析的一端，用适当的溶剂展开，当溶剂流经吸附剂时，由于各物质被吸附的强弱不同，就以不同的速率随着溶剂移动。展开一定时间后，让溶剂停止流动，混合物中各组分就停留在薄层析上显示出一个个色斑的色谱图。若各组分无色，可喷洒一定的显色剂使之显色。

3 实验材料

(1) 试剂：0.5%(W/V) κ-卡拉胶底物：称 0.5g κ-卡拉胶，80℃溶解于 100mL 蒸馏水，冷却后即可得到 0.5%的 κ-卡拉胶溶液；

TLC 展开剂：正丁醇：甲酸：水=4：6：1；

TLC 显色剂：浓硫酸：乙醇=3：17，溶液中混有 0.2%的间苯二酚。

(2) 仪器：移液枪、通用水浴槽、烘箱、吹风机、电热枪、通风橱。

(3) 其他：纯化超滤后的 κ-卡拉胶酶、毛细管、硅胶板、报纸、喷嘴壶、铅笔、尺子、玻璃槽。

4 实验方法

4.1 样品的制备

分别拿取并标记不同时间段的离心管(0min、5min、10min、0.5h、1h、2h、4h、6h、8h、10h、12h、24h、36h、48h)，取 10μL 酶液与 30μL 0.5% κ-卡拉胶在 35℃下按照上述时间段反应；反应完成后，煮沸 10min 灭火，4℃保留样品。另取 100μL 酶液与 300μL 0.5% κ-卡拉胶在 35℃下反应 48h，灭火留样，以备 ESI-MS 验证产物结构。

4.2 单糖的制备

κ-卡拉胶对应的单糖为D-半乳糖，其浓度为1.0mg/mL，称取D-半乳糖2mg溶于2mL的蒸馏水中混合均匀，即制备完成。

4.3 TLC分析

（1）硅胶板的活化：取适当大小的硅胶板在60℃烘箱中活化2h。

（2）画线：用铅笔在硅胶板上距离最下方和最上方1cm处画一条水平线，当作起始线和终止线。尽可能在起始线的中间位置每隔1cm处画一个点，作为点样的位置。

（3）点样：用毛细管吸取不同时间段的样品，在起始线的点上面进行点样，样品点3次，单糖点2次(每点样1次需用吹风机吹干一次)。

（4）倒展开剂：在玻璃槽的一侧中倒入一定量的展开剂，将点完样的硅胶板放入其中，使展开剂浸没起始线，并将玻璃槽封顶密闭。

（5）跑样：在通风橱中跑样45min~1h，使其硅胶板上的展开剂液面达到终止线时即跑样完成，取出硅胶板。

（6）硅胶板显色：将硅胶板竖直放立在报纸上，用吹风机吹干，之后用含显色剂的喷嘴壶喷洒均匀，最后用电热枪均匀加热烘干，直至显色。

4.4 ESI-MS分析

5 实验内容

通过TLC分析不同时间段κ-卡拉胶酶的降解产物，ESI-MS分析其产物结构。

6 实验结果

在显色剂的作用下显示出不同时间段的κ-卡拉胶酶的酶解产物，给出了κ-卡拉胶的产物生成顺序和分布模式(聚合度)，质谱所代表的峰值验证了其最终生成产物。

7 思考与讨论

（1）硅胶板为什么要进行活化？

（2）简述TLC的优缺点。

（3）影响TLC结果的因素有哪些？

实验三十九　石莼多糖裂解酶重组质粒转化

1　实验目的

（1）熟悉并掌握质粒转化操作，将包含目标石莼多糖裂解酶基因的重组质粒［中间表达载体 pET-21a(+)］直接导入感受态细胞 E. Coli BL21(DE3)。

（2）复苏感受态细胞确保后续重组蛋白的表达。

2　实验原理

质粒 DNA 黏附在细菌细胞表面，经过 42℃短时间的热激处理，将载体 DNA 分子导入目标细胞。

3　实验材料

仪器：高速冷冻台式离心机、单人净化工作台、电热恒温培养箱、通用水浴槽、蒸汽灭菌器、摇床培养箱。

试剂：LB(Luria-Bertani)培养基(液体，固体)：酵母粉(Yeast extract)5g、蛋白胨(Peptone)10g、NaCl 10g、蒸馏水(Distilled water)1000mL pH 7.0；无菌水；含 Amp 的固体 LB 培养基(琼脂(Agar)1%~2%)；冰块若干；材料：大肠杆菌感受态细胞 BL21(DE3)；质粒：重组质粒干粉[pET-21a(+)]。

4　实验方法

4.1　转化

（1）质粒处理：①将质粒干粉管(冻干)在 6000~7000r/min 下离心 2min。②在超净工作台中，加入 40μL 的无菌水，混合均匀，储存于-80℃冰箱。

（2）将感受态细胞从-80℃冰箱取出，迅速置于冰上融化；质粒放冰箱中解冻。

（3）在 100μL 感受态细胞中加入 2μL 质粒(待转化 DNA)，放置冰上静置 30min。

（4）42℃水浴热激 90s 后，迅速置于冰上静置 2min。

4.2　细胞复苏

（1）向离心管中加入 900μL LB 或 SOC 液体培养基(不含抗生素)，混匀后置于 37℃，200r/min 摇床中复苏 1h。

（2）将复苏后的菌液在离心机中 2500×g 离心 3min，弃掉 900μL 上清液，用剩余培养基将菌体重悬后，均匀涂布在含 Amp 的 LB 固体培养基平板上。

(3) 将平板正置于 37℃培养 10min，待菌液被完全吸收后，倒置平板，过夜培养。

4.3 细胞保存

(1) 待产生菌落后，在超净工作台中，通过无菌操作将固体 LB 培养基中成长的单个菌落挑入同样含有 Amp 的液体 LB 培养基中，37℃摇床培养。

(2) 待液体浑浊(OD 值：0.6~0.8)，菌落长成。取 1~2mL 菌悬浮液，并按照 1∶1 的比例加入 80%甘油，混匀后置于-80℃冰箱中储藏。

5 实验内容

将带有目标基因中间载体质粒导入大肠杆菌感受态细胞并复苏细胞，使转化细胞成功生长。

6 实验结果

记录平板菌落成长情况，菌落应呈圆形半透明状且单一。

7 思考与讨论

(1) 转化过程各步骤的目的是什么(如热激)？

(2) 简述大肠杆菌菌落特征，如何确定质粒已导入感受态细胞？

实验四十　石莼多糖裂解酶重组质粒异源表达及纯化

1　实验目的

（1）培养载体细胞生长并表达重组蛋白（rULA-1A）。

（2）通过超声破碎、Ni 柱纯化等技术纯化蛋白获得纯的目标酶蛋白液，并掌握蛋白纯化相关技术。

2　实验原理

大肠杆菌是重要的原核表达体系。在重组基因转化入大肠杆菌菌株以后，通过温度的控制，诱导其在宿主菌内表达目的蛋白，将表达样品进行 SDS-PAGE 以检测表达蛋白。

亲和层析具有结合效率高、分离速度快的特点。配基可以是酶的底物、抑制剂、辅因子、特异性的抗体。吸附后可改变缓冲液的离子强度和 pH 值，也可用更高浓度的同一配体溶液或亲和力更强的配体溶液洗脱。如金属螯合介质，过渡金属离子 Cu^{2+}、Zn^{2+} 和 Ni^{2+} 等以亚胺络合物的形式键合到固定相上，由于这些金属离子与色氨酸、组氨酸和半胱氨酸之间形成了配价键，从而形成了亚胺金属-蛋白螯合物，使含有这些氨基酸的蛋白被这种金属螯合亲和色谱的固定相吸附（本实验为 Ni^{2+}）。螯合物的稳定性受单个组氨酸和半胱氨酸解离常数所控制，从而亦受流动相的 pH 值和温度的影响，控制条件可以使不同蛋白相互分离。

3　实验材料

（1）LB（Luria-Bertani）培养基：酵母粉（Yeast extract）5g，蛋白胨（Peptone）10g，NaCl 10g，琼脂（Agar）1%～2%，蒸馏水（Distilled water）1000mL pH 7.0。

（2）IPTG 贮备液：2g IPTG 溶于 10mL 蒸馏水中，0.45μm 滤膜过滤除菌，分装成 1mL/份，-20℃保存。

（3）抗生素贮备液：100mg/mL 氨苄青霉素钠，-20℃保存。

（4）5×SDS-PAGE 上样缓冲液（碧云天）。

（5）SDS-PAGE 电泳缓冲液（5×Tris-Glycine Buffer）：0.25mol/L Tris，1.25mol/L Glycine，0.5%（W/V）SDS。

（6）Ni 柱（5mL 柱体积，金斯瑞），Ni 柱纯化缓冲液：

A. Binding Buffer：100mmol/L Tris-HCl，300mmol/L 氯化钠，10mmol/L 咪唑，pH 8.0。

B. Wash Buffer：100mmol/L Tris-HCl，300mmol/L 氯化钠，20mmol/L 咪唑，pH 8.0。

C. Elution Buffer：100mmol/L Tris-HCl，300mmol/L 氯化钠，250mmol/L 咪唑，pH 8.0。

（7）高速冷冻台式离心机、单人净化工作台、电热恒温培养箱、通用水浴槽、蛋白电泳仪、蒸汽灭菌器、摇床培养箱、超声波细胞粉碎机、恒流泵（HL-2B）、超滤离心管（50kDa）。

4 实验方法

4.1 重组蛋白表达

液体 LB 培养基（100mL）中接入 100μL 抗生素液混匀后，挑取转化成功后复试的固体平板上单菌落于液体培养基中；于 200r/min 摇床中 37℃ 培养 8～12h；菌液浑浊，OD_{600} 值为 0.4～0.6 时在超净工作台中向菌液中加入 10μL IPTG 混匀，200r/min 摇床中 22℃ 诱导培养 24～36h。

4.2 重组蛋白纯化

（1）7000r/min 离心菌液 5min，去除上清液，沉淀用 25mL Binding Buffer 重悬；重悬菌液于冰浴中超声破碎（70%功率，15min），7000r/min 离心破碎菌液 5min；离心后上清液即为粗酶液，粗酶液需全程于冰浴中保存，粗酶液过膜（45μm 水系滤头）去除大颗粒杂质；过膜后粗酶液经 Ni 柱（5mL 柱体积）纯化，具体步骤如下：Ni 柱由恒流泵连接至出样口，进样口接入蒸馏水 30r/min 水洗 Ni 柱两个柱体积（10mL）；Binding Buffer 30r/min 平衡 Ni 柱 2 个柱体积；粗酶液（冰浴）30r/min 上样 3 次（每次接出的流出液再次上样，循环 3 次）；Binding Buffer 30r/min 平衡 Ni 柱 2 个柱体积；Washing Buffer 30r/min 洗涤 Ni 柱中的杂蛋白 10 个柱体积；Elution Buffer 30r/min 洗脱目标蛋白 2 个柱体积，流出液即为纯化后酶蛋白（注：不要混入气泡）。

（2）纯化后酶液除盐（超滤法）：①超滤离心管中加入适量蒸馏水，3500rcf 离心 10min 洗涤内管；②到处蒸馏水，内管中加入适量纯化酶液，3500rcf 离心 10min 至咪唑全部流入外管；③用不含咪唑的 Buffer（50mmol/L Tris-HCl，0.05mol/L NaCl pH 8.0）反复冲洗内管管壁上的滤膜，将膜上的蛋白洗下来后收集至新的离心管中即得除盐后的纯化酶液。

（3）SDS-PAGE 电泳验证蛋白表达并检测纯化效果。

5 实验内容

将转化成功后的重组大肠杆菌扩大培养并通过化学诱导，使得目标酶蛋白大量表达；超声波破碎大肠杆菌细胞以获得目标酶蛋白并纯化蛋白，并通过超滤进一步获得高纯度酶液。

6 实验结果

电泳验证目标蛋白相对分子质量是否与理论相对分子质量相近，并由电泳检测蛋白纯化效果。

7 思考与讨论

（1）简述诱导温度和时间分别对目标蛋白表达的影响。

（2）简述超声破碎的时间和功率分别对酶活性和蛋白可溶性的影响。

（3）还有哪些蛋白纯化方法？

（4）简述非变性电泳和变性电泳的区别。该实验中用到的又是哪种电泳？

实验四十一　石莼多糖裂解酶活性测定及酶动力学参数测定

1　实验目的

(1) 了解石莼多糖裂解酶的蛋白浓度及酶活性相关定义。
(2) 测定重组石莼多糖裂解酶的蛋白浓度及酶活性。
(3) 掌握酶促反应动力学原理及测定方法。

2　实验原理

石莼多糖裂解酶降解石莼多糖底物后会产生含可溶性还原糖鼠李糖的二糖，通过二硝基水杨酸法(DNS 法)测定产生还原糖的量，从而折算出石莼多糖裂解酶的酶活力。1 个酶活力单位(U)定义为：在最佳反应条件下，1min 内产生 180μmol 还原糖的酶量。比活力用每毫克蛋白所包含酶活力单位数来表示。

3　实验材料

(1) 1%(W/V)石莼多糖底物：称 1g 石莼多糖(Elicityl S. A)，80℃溶解于 100mL 蒸馏水，冷却后即可得到 1%的石莼多糖。
(2) 纯化除盐的酶液。
(3) Bradford 蛋白浓度测定试剂盒。
(4) 移液枪、紫外可见光分光光度计、微量石英比色皿、酶标仪。

4　实验方法

4.1　蛋白浓度测定

根据 Bradford 蛋白浓度测定试剂盒中的步骤测定蛋白浓度。

4.2　比活力测定

底物 1%石莼多糖与已知蛋白浓度的酶液以 4∶1 的比例在 45℃下反应 30min，加入 DNS 试剂后在 100℃水浴 10min，之后放在冰上冷却 2min。使用酶标仪测定反应液在 540nm 处的吸收值，并通过鼠李糖标准曲线确定还原糖含量，根据酶活定义确定重组酶对底物石莼多糖的酶活力，根据反应体系中所含酶蛋白的量(mg)计算得到酶对底物石莼多糖的比活力(U/mg)。

4.3 酶反应动力学

（1）分别取不同浓度（0.1mg/mL，0.2mg/mL，0.3mg/mL，0.4mg/mL，0.5mg/mL，0.6mg/mL，0.7mg/mL，0.8mg/mL，0.9mg/mL，1.0mg/mL）的石莼多糖底物与酶液以4∶1的比例混合在室温下反应，235nm 下监测反应进程 600s，根据公式：$V(mol/s) = (milliAU/min \times min/600s \times AU/1000milliAU \times 1cm)/(6150L/mol \cdot cm) \times (2 \times 10^{-4}L)$，计算酶反应速率。

（2）根据底物浓度与酶反应速率的关系进行双倒数作图计算出 V_{max}、K_m、k_{cat} 等酶促反应动力学参数。

5 实验内容

通过酶活定义测定重组蛋白酶活力及比活力；通过反应动力学原理测得酶反应速率与底物浓度关系，从而计算得到反应动力学参数。

6 实验结果

计算得到酶比活力和 V_{max}、K_m、k_{cat} 等酶促反应动力学参数，了解酶反应速率与底物浓度的关系。

7 思考与讨论

（1）测定酶活力还有什么其他方法？

（2）简述酶促反应动力学的各个参数所代表的意义。

实验四十二　石莼多糖裂解酶酶学性质表征

1　实验目的

（1）了解温度对重组酶活性的影响。

（2）了解 pH 值对重组酶活性的影响。

（3）了解金属离子和金属离子螯合剂 EDTA 对酶活性的影响。

2　实验原理

温度、pH 值和金属离子等条件的改变会影响石莼多糖裂解酶的酶活力和催化效率等性质，通过测定不同条件下的酶活力可以得到石莼多糖裂解酶最佳活性条件。

3　实验材料

（1）1%（W/V）石莼多糖底物：称 1g 石莼多糖（Elicityl S. A），80℃溶解于 100mL 蒸馏水，冷却后即可得到 1%的石莼多糖。

（2）纯化除盐的酶液。

（3）pH 缓冲液：50mmol/L 磷酸盐–柠檬酸盐（pH 4.0～5.0），50mmol/L Na_2HPO_4–NaH_2PO_4（pH 6.0～8.0），50mmol/L Tris–HCl（pH 8.0～9.0），50mmol/L 甘氨酸–NaOH（pH 9.0～10.0），50mmol/L Na_2HPO_4–NaOH（pH 11.0～12.0）。

（4）金属离子缓冲液：2mmol/L 的金属离子溶液（Na^+，K^+，Ni^+，Ca^{2+}，Mg^{2+}，Mn^{2+}，Zn^{2+}，Cu^{2+}，Co^{2+}，Fe^{3+}）和金属离子螯合剂 EDTA。

（5）移液枪、通用水浴槽、酶标仪。

4　实验方法

4.1　最适温度

将纯化好的酶液与 1%的石莼多糖按 1∶4 的比例混合，在不同温度（25～60℃）下反应 0.5h。使用 DNS 法（将 DNS 与终产物按 1∶1 的比例混合后于沸水浴中煮沸 10min，使用酶标仪在 540nm 下测定吸光值）测定酶活从而确定最适温度（三组平行）。

4.2　最适 pH 值

将纯化好的酶液、1%的石莼多糖以及 50mmol/L 不同 pH 缓冲液按 1∶4∶8 的比例混合，于 45℃（最适温度）水浴中反应 30min。使用 DNS 法测定酶活从而确定最适 pH 值。具体缓冲体系如材料所述(三组平行)。

(1) 温度稳定性：将纯化好的酶液在不同温度下(25~60℃)下孵育 1h，将孵育过后的酶冰浴 10min。将处理过后的酶液与 1%的石莼多糖按 1∶4 的比例混合，于 45℃水浴中反应 30min，用 DNS 法来测定残余活力。以活力最高的酶活定义为 100%相对酶活，从而来表征该酶的温度稳定性(三组平行)。

(2) pH 值稳定性：将纯化好的酶液与不同的 pH 缓冲液(同最适 pH)于 4℃中孵育 24h，孵育过后的酶液与 1%的石莼多糖按 1∶4 的比例混合，于 45℃水浴中反应 30min，用 DNS 法来测定残余活力。从而来表征该酶的 pH 值稳定性(三组平行)。

(3) 金属离子及 EDTA 稳定性：将纯化好的酶液与 1%的石莼多糖按 1∶4 的比例混合，反应体系中分别添加终浓度为 1mmol/L 的金属离子和 EDTA，于 45℃中反应 30min，用 DNS 法来测定残余活力。用不添加任何金属离子及 EDTA 的反应体系作为对照组(100%)。从而来表征该酶的金属离子稳定性(三组平行)。

5　实验内容

通过 DNS 法测定反应生成的还原糖的量确定不同温度、不同 pH 值和不同金属离子存在时对重组酶活性的影响，以及不同温度和不同 pH 环境下酶蛋白的稳定性。

6　实验结果

对吸收值的分析可以得出温度、pH 值和金属离子对酶活性的增强或抑制效果，并得出重组酶最佳反应条件。

7　思考与讨论

(1) 简述 DNS 法测定酶活的优势和劣势。

(2) 温度、pH 和金属离子如何影响酶活性？

实验四十三　石莼多糖裂解酶降解产物分析

1　实验目的

阐明重组石莼多糖裂解酶的产物分布和作用模式并掌握相关实验技术。

2　实验原理

内切型石莼多糖裂解酶可以通过β-消除机制将底物石莼多糖降解为聚合度为2~4的寡糖。通过FPLC分析降解产物分布，ESI-MS验证产物结构并确定石莼多糖裂解酶的作用模式，即内切或外切的方式。

3　实验材料

(1) 1%(W/V)石莼多糖底物：称1g石莼多糖(Elicityl S. A)，80℃溶解于100mL蒸馏水，冷却后即可得到1%的石莼多糖；

(2) 纯化除盐的酶液；

(3) FPLC流动相：0.2mol/L NH_4HCO_3；

(4) GE Health Superdex peptide 10/300凝胶柱；

(5) 移液枪、通用水浴槽、快速蛋白液相色谱(FPLC)。

4　实验方法

4.1　底物降解反应

将纯化好的酶液与1%石莼多糖按1∶4的比例混合。于45℃中反应，并于0s、5min、10min、15min、30min、1h、2h、6h、12h、24h、48h时间点进行取样并煮沸灭活。

4.2　样品纯化

离心后使用0.45mm水系滤头去除杂蛋白。

4.3　FPLC分析

使用快速蛋白液相色谱(FPLC)配用GE Health的Superdex peptide 10/300凝胶柱，作为分离检测设备。具体分离条件如下：流动相：200mmol/L碳酸氢铵，流速：0.8mL/min，配备235nm紫外检测器。DP2和DP4分别在15~17mL和13~15mL处出峰，收集相应峰的流出液作为质谱分析的样品。

4.4 ESI-MS 分析

负离子模式，质谱条件：离子源电压 4.5kV，毛细管温度 275~300℃，管状透镜 250V，鞘气 30AU，扫描质量范围 150~2000m/z；根据参考文献分析对应峰。

5 实验内容

通过 FPLC 结合分子筛分析反应产物的聚合度分布，再由质谱分析验证产物结构，根据内切/外切原理确认重组酶的作用模式。

6 实验结果

FPLC 所得吸收峰的出峰时间顺序和大小给出了产物的分布模式(聚合度)，质谱验证了 FPLC 中出现的相应峰值代表的产物。

7 思考与讨论

(1) 简述 TLC 与 FPLC 两种方法的优点和缺点。
(2) 简述内切作用模式与外切作用模式的原理及产物差异。

实验四十四　重组果胶酶的固定化

1　实验目的

（1）了解酶固定化的必要性。
（2）理解并掌握酶的固定化原则和方法。
（3）理解固定化对酶催化性能的影响及机制。

2　实验原理

酶是一种高效且反应条件温和、专一性强以及催化活性可调控的生物催化剂。游离酶是指从动植物或者微生物中直接分离出来，具有生物活性的大分子酶蛋白。这类酶具有操作方便的优点，但是在使用时可能存在催化效率不够高、稳定性较差，不能重复利用，产物的分离纯化困难，且成本较高的问题。为改善这类酶的上述缺陷，许多研究借助了酶的固定化手段。

固定化酶是指将游离酶固定在特定的载体上，在有限的空间内实现酶的高效催化。酶的固定化技术研究最早可追溯至20世纪50年代，并于1960年代后期迎来了高速发展，1969年首次实现了在工业生产规模应用固定化酶进行连续生产（L-氨基酸）。相较于游离酶，固定化酶的温度稳定性更佳，且应用空间广阔，不仅有利于保存、运输和连续化的生产和反应，还能够从反应体系中分离从而实现循环利用。经过大量研究，目前固定化酶技术已被成功应用于食品、医药和化工等诸多领域。固定化技术不仅可以保持酶的催化活性，还具有可重复使用的优点，降低了酶的成本，具有较高的工业可行性，因此被认为是提高酶的活性和稳定性的一种有效策略。

3　实验材料与仪器

重组果胶酶ErPL2、介孔氧化铁颗粒MTOPs、砂芯管、摇床、傅里叶红外光谱仪、圆二色谱仪、冷冻干燥机、扫描电镜。

4　实验步骤

4.1　游离酶的固定化和表征

将0.1g载体（MTOPs）和1mL ErPL2在4℃下使用标准型翘板摇床孵育（80r/min，30min），ErPL2通过物理吸附可直接固定在MTOPs上。成功固定之后用砂芯管分离，使用50mmol/L Tris-HCl缓冲液（pH 8.0）洗涤5次，4℃保存备用。通过测量固定化酶在不同温度和 pH 值(20~50℃，pH 4.0~12.0)下孵育后的剩余活性，评估固定化酶(ErPL2-MTOPs)的热稳定性和 pH 稳定性。

利用 Thermo Nicolet 傅里叶变换红外光谱(FT-IR)分别对载体 MTOPs 和固定化前后的 ErPL2 进行分析鉴定，扫描范围 400~4000cm^{-1}，分辨率为 4cm^{-1}，采用 KBr 压片法制得样品。基于红外光谱结果，利用 Peakfit V4.12 对蛋白二级结构的分布进行了探究和预测。为减少水分子影响 FT-IR 结果，蛋白样品经过冻干处理。此外，本实验采用日本日立公司的 Hitachi S-4800 扫描电镜观察 MTOPs 和固定化酶的微观形貌。

4.2 固定化效果的评价

通过测定固定化前后的蛋白浓度(mg/mL)来计算 ErPL2 的蛋白固载量(mg/g)。同时，测定酶固定化前后的比活力来确定酶活性回收率(%)。还开展了循环次数实验，以评估固定化 ErPL2 的重复使用效果。用 DNS 法测定 5 次循环中固定化酶的剩余活性前，需要先低速离心 1min 以分离反应液和 ErPL2-MTOPs。每个重复循环，从反应溶液中收集 ErPL2-MTOPs 后，用 50mmol/L Tris-HCl 缓冲液(pH 8.0)洗涤三次后用于下一循环的重复反应。

5 实验内容

对游离酶和固定化果胶酸裂解酶 ErPL2 的酶学性质进行比较研究。

6 实验结果

(1) 对游离酶和固定化果胶酸裂解酶 ErPL2 的酶学性质进行比较研究。

(2) 对比分析介孔氧化钛作为固定化酶载体的优势和缺陷。

7 思考与讨论

(1) 酶的固定化原则有哪些？

(2) 常用的酶固定化策略有哪些？试举例说明。

(3) 固定化酶的发展趋势是什么？

实验四十五　卡拉胶寡糖的活性评价

1　实验目的

（1）卡拉胶寡糖的活性及应用领域。

（2）理解掌握抗氧化活性测定的基本原理。

（3）掌握抗氧化活性和免疫活性的测定方法。

2　实验原理

卡拉胶寡糖是卡拉胶的降解产物，与卡拉胶多糖相比具有良好的可溶性和生物利用度。由于卡拉胶寡糖具有多功能的生物活性，自 2005 年以来，它在各种潜在的应用领域获得了越来越多的关注。这些研究主要集中在生物学、化学和食品科技领域，包括医疗和作物保护的潜在应用。

3　实验材料与仪器

自制卡拉胶寡糖(平均聚合度为 4~8)、总蛋白、甘油三酯、丙二醛、高密度脂蛋白胆固醇、总胆固醇含量测定试剂盒、超氧化物歧化酶、过氧化氢酶、溶菌酶试剂盒、DPPH、抗坏血酸、H_2O_2、过硫酸钾、牛肉膏蛋白胨培养基、LB 培养基、真空冷冻干燥机、电子天平、pH 计、高压蒸汽灭菌器、净化工作台、电热恒温培养箱、数字恒温水浴锅、台式恒温振荡器、超低温冰箱。

4　实验步骤

4.1　卡拉胶寡糖的抗氧化实验

（1）DPPH 自由基清除能力的测定：

取 1mL 不同浓度的卡拉胶寡糖，按照体积比 1：1 加入 0.2mmol/L DPPH 乙醇溶液，充分摇匀，在室温条件下避光反应，分别在 0.5h、6h 和 12h 后检测 517nm 处的吸光值。每组实验做三个平行。

卡拉胶寡糖对 DPPH 自由基的清除能力的计算公式为：

$$清除能力(\%)=[1-(A_1-A_2)/A_0]\times100\%$$

式中，A_1 为样液反应后的吸光值；A_2 为 DPPH 乙醇溶液由等体积无水乙醇代替的吸光值；A_0 为由等体积去离子水代替样液的吸光值。

(2) 羟自由基(·OH)清除能力的测定：

在4mL离心管内依次加入0.25mL 9mmol/L $FeSO_4$ 溶液，0.25mL 9mmol/L 水杨酸-乙醇溶液，3mL不同浓度的寡糖溶液和0.25mL 8.8mmol/L H_2O_2 溶液，充分混匀后在室温条件环境中静置1h，并在510nm处检测吸光值。每个实验做三个平行。

卡拉胶寡糖对·OH清除能力的计算公式为：

$$清除能力(\%)=[1-(A_1-A_2)/A_0]\times100\%$$

式中，A_1 为样液反应后的吸光值；A_2 为由等体积去离子水代替 H_2O_2 的吸光值；A_0 为由等体积去离子水代替样品的吸光值。

4.2 卡拉胶寡糖的抑菌实验

大肠杆菌等菌种来源于中国普通微生物菌种保藏管理中心。将活化好的大肠杆菌(*Escherichia coli*)、枯草芽孢杆菌(*Bacillus subtilis*)、铜绿假单胞菌(*Pseudomonas Aeruginosa*)和金黄色葡萄球菌(*Staphylococcus aureus*)制成浓度为106个/mL左右的菌悬液。取0.1mL菌悬液均匀涂布在固体培养基上(金黄色葡萄球菌和枯草芽孢杆菌为牛肉膏蛋白胨培养基，大肠杆菌和铜绿假单胞菌为LB培养基)，用无菌架子夹取已灭菌的滤纸片(直径6mm)并均匀地排布在平板上，用移液枪移取10μL浓度为30mg/mL待测样品滴加到滤纸片上，倒置培养24h，观察菌体生长状况，每个样品做三个平行。

4.3 卡拉胶寡糖对鲫鱼免疫活性的影响

(1) 实验鱼饲料的制备：

在基础饲料中添加卡拉胶寡糖的量为：0%(Con)、阳性对照(Diet1)、0.2%(Diet2)、0.5%(Diet3)、1%(Diet4)共五组。制备方法如下：称取适量的寡糖并溶于水，将其均匀地混合在饲料中并通过手摇打料机制成直径为1.5mm的颗粒。将制备的颗粒放入55℃烘箱中烘干，冷却后保存于-20℃冰箱备用。基础饲料选择通威191。

(2) 实验鱼的喂养：

实验用异育银鲫鱼种购自南京江浦企业。选取200条规格整齐且无伤病的异育银鲫，平均质量为(5.1±0.1)g。将其平均随机分配到5个带有过滤系统的玻璃水族缸中，并对应分别标记实验组名称。异育银鲫的养殖条件是20℃、溶氧量保持在5mg/L以上。水pH值保持在7.5~8.0。每日喂食2次(8：00~8：30，18：00~18：30)，每次饲料投放量为鱼缸中活鱼总重的1%，每10天对实验鱼进行称重并不断调整饲料投喂量。每次喂食后及时收集残饵、清除粪便。每天换水1/3。养殖周期为6个月。

(3) 样品的采集与处理：

养殖结束后，24h饥饿处理实验鱼并用丁香油对其进行麻醉处理。在检测鱼质量和体长等生长指标后，用1mL注射器对实验鱼进行尾静脉采血。血样在4℃冰箱中下静置12h，并在4℃、3500r/min条件下离心10min取上清(即血清)并保存于-80℃备用。

(4) 生长指标检测：

统计实验鱼的存活率、增重率、饲料转化率、特定生长率、肥满度，计算公式如下：

$$增重率(WGR/\%)=100\%\times(W_t-W_0)/W_0$$

$$特定生长率(SGR/\%)=100\%\times(\ln W_t-\ln W_0)/d$$

$$存活率(SR/\%)=100\%\times N_t/N_0$$

$$肥满度(CF/\%)=100\%\times W_t/L$$

$$饲料转化率(FCR/\%)=100\%\times(F_1-F_2)/(W_t-W_0)$$

式中，W_0 为实验鱼初始体重(g)；W_t 为最终体重(g)；d 为饲养天数；N_0 为初始实验鱼条数；N_t 为成活实验鱼条数；L 为鱼体长度(cm)；F_1 为投饵饲料干重；F_2 为残饵干重。

数据采用 Originlab 进行分析，实验结果用平均值±标准差表示。显著性差异则通过 SPSS statistics 26 进行检验，$P<0.05$ 表明数据存在显著性差异。

(5) 血清生化指标与非特异免疫指标的检测：

血清生化指标包括总蛋白、总胆固醇、甘油三酯和高密度脂蛋白胆固醇；非特异性指标包括丙二醛、超氧化物歧化酶、溶菌酶、过氧化氢酶。所测指标均采用南京建成生物研究所提供的试剂盒。

5 实验内容

研究卡拉胶寡糖的抗氧化活性、抑菌活性和对于异育银鲫的免疫增强活性。

6 实验结果

对卡拉胶寡糖的抗氧化活性(DPPH 清除能力、OH · 自由基清除能力)、抑菌活性和对异育银鲫的免疫增强活性进行系统研究。

7 思考与讨论

(1) 卡拉胶寡糖的结构有何特别之处？

(2) 制备卡拉胶寡糖的方法有哪些？各有何优点和缺陷？

附　录

附录1　微生物常用培养基配方

1. 牛肉膏蛋白胨培养基

成　分	用　量	成　分	用　量
牛肉膏	3g	水	1000mL
蛋白胨	5g	pH	7.0~7.2
氯化钠	10g	总体积	1000mL
琼脂	15~20g		

2. 高氏1号培养基

成　分	用　量	成　分	用　量
可溶性淀粉	20g	硫酸亚铁	0.01g
硝酸钾	1g	琼脂	20g
氯化钠	0.5g	水	1000mL
磷酸氢二钾	0.5g	pH	7.2~7.4
硫酸镁	0.5g	总体积	1000mL

3. 查氏培养基

成　分	用　量	成　分	用　量
硝酸钠	2g	蔗糖	30g
氯化钾	0.5g	琼脂	15~20g
磷酸氢二钾	1g	水	1000mL
硫酸镁	0.5g	pH	自然
硫酸亚铁	0.01g	总体积	1000mL

4. 马丁氏培养基

成　分	用　量	成　分	用　量
葡萄糖	10g	琼脂	15~20g
蛋白胨	5g	水	800mL
磷酸氢二钾	1g	0.03%链霉素稀释液	100mL
七水合硫酸镁	0.5g	pH	自然
1/3000孟加拉红	100mL	总体积	1000mL

5. 马铃薯培养基(PDA 培养基)

成　分	用　量	成　分	用　量
马铃薯	200g	水	1000mL
蔗糖(葡萄糖)	20g	pH	7.0~7.2
琼脂	15~20g	总体积	1000mL

6. 无氮培养基

成　分	用　量	成　分	用　量
甘露醇(葡萄糖)	10g	磷酸钙	5g
磷酸二氢钾	0.2g	水	1000mL
七水合硫酸镁	0.2g	pH	7.0~7.2
氯化钠	0.2g	总体积	1000mL
二水合硫酸钙	0.2g		

7. 半固体肉膏蛋白胨培养基

成　分	用　量	成　分	用　量
肉膏蛋白胨液体培养基	100mL	pH	7.6
琼脂	0.35~0.4g	总体积	100mL

8. 合成培养基

成　分	用　量	成　分	用　量
偏磷酸铵	1g	琼脂	20g
氯化钾	0.2g	水	1000mL
七水合硫酸镁	0.2g	pH	7.0
豆芽汁	10mL	总体积	1000mL

9. 豆芽汁蔗糖(葡萄糖)培养基

成　分	用　量	成　分	用　量
黄豆芽	100g	pH	自然
蔗糖(葡萄糖)	50g	总体积	1000mL
水	1000mL		

10. 油脂培养基

成　分	用　量	成　分	用　量
牛肉膏	5g	琼脂	15~20g
蛋白胨	10g	水	1000mL
氯化钠	5g	pH	7.2
香油(花生油)	10g	总体积	1000mL
1.6%中性红水溶液	1mL		

11. 淀粉培养基

成分	用量	成分	用量
牛肉膏	5g	琼脂	15~20g
蛋白胨	10g	水	1000mL
氯化钠	5g	pH	7.0~7.2
可溶性淀粉	2g	总体积	1000mL

12. 明胶培养基

成分	用量	成分	用量
牛肉膏蛋白胨液	100mL	pH	7.0~7.2
明胶	12~18g	总体积	100mL

13. 蛋白胨培养基

成分	用量	成分	用量
蛋白胨	10g	水	1000mL
氯化钠	5g	pH	7.6
琼脂	15~20g	总体积	1000mL

14. 糖发酵培养基

成分	用量	成分	用量
蛋白胨水培养基	1000mL	pH	7.6
1.6%溴甲酚紫乙醇溶液	1~2mL	总体积	1000mL

15. 葡萄糖蛋白胨培养基

成分	用量	成分	用量
蛋白胨	5g	水	1000mL
葡萄糖	5g	pH	7.0~7.2
磷酸氢二钾	2g	总体积	1000mL

16. 麦氏培养基

成分	用量	成分	用量
葡萄糖	1g	琼脂	15~20g
氯化钾	1.8g	水	1000mL
酵母浸膏	2.5g	总体积	1000mL
醋酸钠	8.2g		

17. 柠檬酸盐培养基

成分	用量	成分	用量
磷酸二氢铵	1g	1%溴麝香草酚蓝乙醇溶液	10mL
磷酸氢二钾	1g	琼脂	15~20g
氯化钠	5g	水	加至1000mL
硫酸镁	0.2g	pH	6.8
柠檬酸钠	2g	总体积	1000mL

18. 醋酸铅培养基

成分	用量	成分	用量
pH 7.4的牛肉膏蛋白胨琼脂	100mL	pH	7.2
硫代硫酸钠	0.25g	总体积	100mL
10%的醋酸铅水溶液	1mL		

19. 血琼脂培养基

成分	用量	成分	用量
pH 7.6的牛肉膏蛋白胨琼脂	100mL	总体积	110mL
脱纤维羊血(兔血)	10mL		

20. 玉米粉蔗糖培养基

成分	用量	成分	用量
玉米粉	60g	七水合硫酸镁	1.5g
磷酸二氢钾	3g	1%溴麝香草酚蓝乙醇溶液	10mL
维生素B1	0.1g	水	加至1000mL
蔗糖	10g	总体积	1000mL

21. 酵母膏麦芽汁琼脂培养基

成分	用量	成分	用量
麦芽粉	3g	水	1000mL
酵母浸膏	0.1g	总体积	1000mL

22. 棉籽壳培养基

成分	用量	成分	用量
棉籽壳	50g	水	65~70g
石灰粉	1g	总体积	115~120mL
过磷酸钙	1g		

23. 复红亚硫酸钠培养基

成分	用量	成分	用量
蛋白胨	10g	琼脂	20~30g
乳糖	10g	水	加至1000mL
磷酸氢二钾	3.5g	总体积	1000mL
5%碱性复红乙醇溶液	20mL		

24. 伊红美蓝培养基

成分	用量	成分	用量
蛋白胨水培养基	100mL	0.5%美蓝水溶液	1mL
20%乳糖溶液	2mL	总体积	105mL
2%伊红水溶液	2mL		

25. 乳糖蛋白胨培养基

成　分	用　量	成　分	用　量
蛋白胨	10g	1.6%溴甲酚紫乙醇溶液	1mL
牛肉膏	3g	水	加至 1000mL
乳糖	5g	pH	7.2~7.4
氯化钠	5g	总体积	1000mL

26. 石蕊牛奶培养基

成　分	用　量	成　分	用　量
牛奶粉	100g	pH	6.8
石蕊	0.075g	总体积	1000mL
水	1000mL		

27. LB(Luria-Bertani)培养基

成　分	用　量	成　分	用　量
蛋白胨	10g	水	1000mL
酵母膏	5g	pH	7.0
氯化钠	10g	总体积	1000mL

28. 根本培养基

成　分	用　量	成　分	用　量
磷酸氢二钾	10.5g	维生素 B1(硫胺素)(1%)	0.5mL
磷酸二氢钾	4.5g	七水合硫酸镁(20%)	1mL
硫酸铵	1g	链霉素(50mg/mL)	4mL(终浓度 200μg/mL)
二水合柠檬酸钠	0.5g	氨基酸(10mg/mL)	4mL(终浓度 40μg/mL)
水	1000mL	pH	自然
糖(20%)	10mL	总体积	1020mL

29. 乳糖牛肉膏蛋白胨培养基

成　分	用　量	成　分	用　量
乳糖	5g	氯化钠	5g
牛肉膏	5g	琼脂粉	15g
酵母膏	5g	水	加至 1000mL
蛋白胨	10g	pH	6.8
葡萄糖	10g	总体积	1000mL

30. 马铃薯牛乳培养基

成　分	用　量	成　分	用　量
马铃薯(去皮)	200g	水	加至 1000mL
脱脂鲜乳	100mL	pH	7.0
酵母膏	5g	总体积	1000mL
琼脂粉	15g		

31. 尿素琼脂培养基

成　分	用　量	成　分	用　量
尿素	20g	酚红	0.012g
琼脂粉	15g	水	1000mL
氯化钠	5g	pH	6.8±0.2
磷酸二氢钾	2g	总体积	1000mL
蛋白胨	1g		

32. 醋酸菌培养基

成　分	用　量	成　分	用　量
葡萄糖	100g	水	1000mL
酵母膏	10g	pH	6.8
碳酸钙	20g	总体积	1000mL
琼脂粉	15g		

33. 营养肉汁琼脂培养基

成　分	用　量	成　分	用　量
蛋白胨	5g	水	1000mL
牛肉膏	30g	pH	7.0~7.2
氯化钠	5g	总体积	1000mL
琼脂粉	15g		

34. 固氮菌培养基

成　分	用　量	成　分	用　量
磷酸二氢钾	0.2g	甘露醇	20g
磷酸氢二钾	0.8g	三氯化铁	微量
七水合硫酸镁	0.2g	琼脂粉	15g
二水合硫酸钙	0.1g	水	1000mL
二水合钼酸钠	微量	pH	7.2
酵母膏	0.5g	总体积	1000mL

35. 玉米粉培养基

成　分	用　量	成　分	用　量
玉米粉	5g	水	1000mL
蛋白胨	0.1g	pH	自然
葡萄糖	1g	总体积	1000mL

36. 乳酸菌培养基Ⅰ

成　分	用　量	成　分	用　量
酵母膏	7.5g	吐温 80	0.5mL
蛋白胨	7.5g	水	900mL
葡萄糖	10g	pH	7.0
磷酸二氢钾	2g	总体积	1000.5mL
西红柿汁	100mL		

37. 乳酸菌培养基Ⅱ

成　分	用　量	成　分	用　量
酵母膏	5g	柠檬酸二胺	2g
乳酪蛋白胨	10g	七水合硫酸镁	0.2g
蛋白胨	10g	一水合硫酸锰	0.05g
葡萄糖	5g	水	1000mL
磷酸氢二钾	2g	pH	6.5~6.8
吐温 80	1g	总体积	1000mL
醋酸钠	5g		

38. 蛋白胨、酵母膏、葡萄糖培养基

成　分	用　量	成　分	用　量
酵母膏	5g	水	1000mL
蛋白胨	10g	pH	自然
葡萄糖	1g	总体积	1000mL

39. 甘油琼脂培养基

成　分	用　量	成　分	用　量
酵母膏	3g	水	1000mL
蛋白胨	5g	pH	7.0~7.2
甘油	20g	总体积	1000mL
琼脂	15g		

40. 根瘤菌培养基(AS 9)

成　分	用　量	成　分	用　量
酵母膏	1g	水	800mL
土壤浸提液	200mL	pH	7.2
甘露醇	10g	总体积	1000mL
琼脂	15g		

41. 甘露醇琼脂培养基

成　分	用　量	成　分	用　量
酵母膏	5g	水	1000mL
蛋白胨	3g	pH	自然
甘露醇	25g	总体积	1000mL
琼脂	15g		

42. 葡萄糖、天门冬素琼脂培养基

成　分	用　量	成　分	用　量
葡萄糖	10g	水	1000mL
天门冬素	0.5g	pH	7.2~7.4
磷酸氢二钾	0.5g	总体积	1000mL

43. Tep 尿液琼脂培养基(ATCC 894)

成　分	用　量	成　分	用　量
十二水合磷酸氢二钠	9g	胰蛋白胨大豆肉汤(BBL 11768)	3g
磷酸二氢钾	1.5g	尿素	4g
七水合硫酸镁	0.2g	琼脂	20g
柠檬酸铁铵(绿色)	1.2g	水	1000mL
氯化钙	0.02g	pH	7.2
四水合氯化锰	0.001g	总体积	1000mL

44. 羧基纤维素酵母培养基

成　分	用　量	成　分	用　量
羧甲基纤维素	15g	琼脂	20g
酵母浸膏	1g	水	1000mL
七水合硫酸镁	0.5g	pH	自然
磷酸二氢钾	1g	总体积	1000mL

45. 综合 PDA 琼脂(AS 17)

成　分	用　量	成　分	用　量
葡萄糖	20g	琼脂	15g
磷酸二氢钾	3g	马铃薯提取液	1000mL
七水合硫酸镁	1.5g	pH	自然
维生素 B1	微量	总体积	1000mL

46. 浓糖查氏琼脂培养基

成　分	用　量	成　分	用　量
蔗糖	200g	四水合硫酸亚铁	0.01g
硝酸钠	3g	琼脂	13g
磷酸氢二钾	1g	水	1000mL
七水合硫酸镁	0.5g	pH	自然
氯化钾	0.5g	总体积	1000mL

47. Oxoid CM3

成　　分	用　　量	成　　分	用　　量
牛肉膏	1g	琼脂	15g
酵母膏	2g	水	1000mL
蛋白胨	5g	pH	7.4
氯化钠	5g	总体积	1000mL

48. 滤纸培养基

成　　分	用　　量	成　　分	用　　量
硫酸铵	1g	滤纸条	6×1cm
磷酸二氢钾	1g	水	1000mL
七水合硫酸镁	0.7g	pH	6
氯化钠	0.5g	总体积	1000mL

49. 黄豆饼粉琼脂培养基

成　　分	用　　量	成　　分	用　　量
10%黄豆饼粉浸汁	1000mL	pH	自然
葡萄糖	10g	总体积	1000mL
氯化钠	2.5g		

50. 米饭培养基

成　　分	用　　量	成　　分	用　　量
米饭	10g	pH	自然
水	20~30mL	总体积	20~30mL

51. 滤纸条培养基

成　　分	用　　量	成　　分	用　　量
硫酸铵	1g	滤纸条	7×1cm
磷酸二氢钾	1g	水	1000mL
七水合硫酸镁	0.5g	pH	自然
酵母膏	0.1g	总体积	1000mL

52. 酵母膏、麦芽膏琼脂培养基

成　　分	用　　量	成　　分	用　　量
酵母膏	10g	水	1000mL
麦芽膏	10g	pH	7.0
葡萄糖	4g	总体积	1000mL
琼脂	20g		

53. 酵母膏、蛋白胨琼脂培养基

成分	用量	成分	用量
酵母膏	1g	琼脂	20g
多蛋白胨	2g	水	1000mL
牛肉膏	1g	pH	7.0
葡萄糖	10g	总体积	1000mL

54. 葡萄糖、酵母、淀粉琼脂培养基

成分	用量	成分	用量
酵母膏	10g	琼脂	20g
淀粉	10g	水	1000mL
氯化钠	5g	pH	7.0
葡萄糖	10g	总体积	1000mL
碳酸钠	3g		

55. 麸皮培养基

成分	用量	成分	用量
麸皮	36g	琼脂	20g
磷酸氢二铵	10g	水	1000mL
磷酸氢二钾	0.2g	pH	7.0
七水合硫酸镁	0.1g	总体积	1000mL

56. 酵母菌产生子囊孢子培养基(Kleyn 培养基)

成分	用量	成分	用量
磷酸二氢钾	0.12g	生物素	200μg
醋酸钠	5g	混合盐类溶液	10mL
磷酸氢二钾	0.2g	琼脂	20g
葡萄糖	0.62g	水	加至 1000mL
氯化钠	0.62g	pH	自然
蛋白胨	2.5g	总体积	1000mL

57. 酵母菌产生子囊孢子培养基(Kleyn 培养基)-混合盐类溶液

成分	用量	成分	用量
七水合硫酸镁	0.4g	四水合硫酸亚铁	0.2g
氯化钠	0.4g	水	加至 100mL
五水合硫酸铜	0.002g	pH	自然
四水合硫酸锰	0.2g	总体积	100mL

58. 酵母菌产生子囊孢子培养基(Gorodkowa 培养基)

成分	用量	成分	用量
葡萄糖	1g	水	加至 1000mL
氯化钠	5g	pH	自然
蛋白胨	10g	总体积	1000mL
琼脂	20g		

59. 酵母菌产生子囊孢子培养基(McClary 培养基)

成分	用量	成分	用量
葡萄糖	1g	琼脂	15g
氯化钾	1.8g	水	加至 1000mL
酵母汁	2.5mL	pH	自然
醋酸钠	8.2g	总体积	1000mL

60. BPY 培养基

成分	用量	成分	用量
葡萄糖	5g	琼脂	10~20g
牛肉膏	5g	水	1000mL
蛋白胨	10g	pH	7.0
氯化钠	5g	总体积	1000mL
酵母膏	5g		

61. LB 琼脂培养基

成分	用量	成分	用量
蛋白胨	10g	水	加至 1000mL
氯化钠	10g	pH	7.0
酵母膏	5g	总体积	1000mL
琼脂	10~20g		

62. Penssay 肉汤培养基

成分	用量	成分	用量
胰蛋白胨	5g	三水合磷酸氢二钾	4.8g
牛肉膏	1.5g	水	加至 1000mL
氯化钠	3.5g	pH	7.2
酵母膏	1.5g	总体积	1000mL
葡萄糖	1g		

63. 血琼脂培养基

成　分	用　量	成　分	用　量
蛋白胨	10g	脑浸汁(猪脑 200g 加 1000mL 水)	800mL
柠檬酸钠	5g	猪心浸汁(猪心 100g 加 1000mL 水)	200mL
氯化钠	5g	羊血	10%
葡萄糖	2g	pH	7.2
磷酸二氢钠	2.5g	总体积	1100mL

64. 纤维细菌合成培养基

成　分	用　量	成　分	用　量
七水合硫酸镁	0.1g	硫酸铵	2g
磷酸二氢钾	0.5g	滤纸条	一片
氯化钠	6g	水	加至 1000mL
酵母膏	1g	pH	7.0~7.4
氯化钙	0.1g	总体积	1000mL
磷酸氢二钾	2g		

65. 巴氏梭状芽孢杆菌合成培养基

成　分	用　量	成　分	用　量
七水合硫酸镁	0.2g	酵母膏	1g
葡萄糖	10g	碳酸钙	5g
硫酸锰	0.01g	磷酸氢二钾	0.5g
硫酸亚铁	0.01g	水	加至 1000mL
蛋白胨	0.1g	pH	7.0
磷酸二氢钾	0.5g	总体积	1000mL
氯化钠	0.01g		

66. 酵母膏、麦芽膏琼脂培养基Ⅱ

成　分	用　量	成　分	用　量
麦芽膏	10g	水	1000mL
葡萄糖	4g	pH	7.3
酵母膏	4g	总体积	1000mL
琼脂	17g		

67. 燕麦粉琼脂培养基

成　分	用　量	成　分	用　量
燕麦粉浸液	20g	水	加至 1000mL
琼脂	18g	pH	7.2
迹量盐溶液	1mL	总体积	1000mL

68. 迹量盐溶液

成　分	用　量	成　分	用　量
七水合硫酸亚铁	0.1g	水	加至100mL
四水合氯化锰	0.1g	pH	自然
七水合硫酸锌	0.1g	总体积	100mL

69. 苹果酸钙琼脂培养基

成　分	用　量	成　分	用　量
苹果酸钙	10g	甘油	10g
磷酸氢二钾	0.5g	水	1000mL
氯化铵	0.5g	pH	自然
琼脂	15g	总体积	1000mL

70. 氧化亚铁硫杆菌培养基

成　分	用　量	成　分	用　量
硫酸铵	0.15g	七水合硫酸亚铁	50g
磷酸二氢钾	0.05g	水	1000mL
氯化钾	0.05g	pH	2.0
七水合硫酸镁	0.5g	总体积	1000mL
四水合硝酸钙	0.01g		

71. 氧化硫硫杆菌培养基

成　分	用　量	成　分	用　量
硫酸铵	0.3g	七水合硫酸亚铁	0.001g
磷酸二氢钾	3~4g	水	1000mL
无水氯化钙	0.25g	pH	3.5~4
七水合硫酸镁	0.5g	总体积	1000mL

72. 代血浆培养基

成　分	用　量	成　分	用　量
蔗糖	125~150g	水	1000mL
蛋白胨	5g	pH	7.0~7.2
磷酸二氢钾	0.3g	总体积	1000mL
十二水合磷酸氢二钠	1.4g		

73. 脱脂牛奶培养基(ATCC 183)

成　分	用　量	成　分	用　量
脱脂牛奶	100g	pH	自然
水	1000mL	总体积	1000mL

74. 麦麸琼脂培养基

成　　分	用　　量	成　　分	用　　量
麦麸	36g	七水合硫酸镁	0.1g
磷酸氢二铵	3g	水	1000mL
磷酸氢二钾	0.2g	pH	7.0
琼脂	20g	总体积	1000mL

75. 葡萄糖、酵母膏琼脂培养基

成　　分	用　　量	成　　分	用　　量
葡萄糖	10g	水	1000mL
酵母膏	10g	pH	7.2
琼脂	15g	总体积	1000mL

76. MMN 培养基

成　　分	用　　量	成　　分	用　　量
葡萄糖	10~15g	磷酸氢二铵	0.25g
氯化钙	0.05g	麦芽汁(12 波美度)	100mL
硫酸镁	0.15g	柠檬酸	0.2g
氯化钠	0.025g	水	加至 1000mL
氯化铁(1%)	1.2mL	pH	5.5
磷酸二氢钾	0.5g	总体积	1000mL
硫胺素	100μg		

77. 淀粉琼脂培养基

成　　分	用　　量	成　　分	用　　量
可溶性淀粉	10g	琼脂	20g
硝酸钠	1g	水	1000mL
碳酸镁	1g	pH	自然
磷酸氢二钾	0.3g	总体积	1000mL
氯化钠	0.5g		

78. 发根农杆菌培养基(YEB)

成　　分	用　　量	成　　分	用　　量
牛肉浸膏	5g	琼脂	15g
酵母膏	1g	水	1000mL
蛋白胨	5g	pH	7.4
蔗糖	5g	总体积	1000mL
七水合硫酸镁	4g		

79. 青枯菌培养基

成　分	用　量	成　分	用　量
蛋白胨	10g	水	1000mL
葡萄糖	5g	pH	7.0
干酪素水解产物	1g	总体积	1000mL
琼脂	15g		

80. YM 培养基

成　分	用　量	成　分	用　量
酵母膏	3g	水	1000mL
麦芽汁	3g	pH	自然
蛋白胨	5g	总体积	1000mL
琼脂	20g		

81. ISP 4

成　分	用　量	成　分	用　量
可溶性淀粉	10g	七水合硫酸亚铁	0.001g
磷酸氢二钾	1g	七水合氯化锰	0.001g
七水合硫酸镁	1g	琼脂	20g
氯化钠	1g	水	1000mL
硫酸铵	2g	pH	自然
碳酸钙	2g	总体积	1000mL

82. 胰蛋白胨大豆琼脂培养基

成　分	用　量	成　分	用　量
胰蛋白胨	17g	琼脂	20g
大豆胨	3g	水	1000mL
葡萄糖	2.5g	pH	自然
氯化钠	5g	总体积	1000mL
磷酸氢二钾	2.5g		

83. NA 培养基

成　分	用　量	成　分	用　量
蛋白胨	5g	水	1000mL
牛肉膏	3g	pH	6.6~7.0
琼脂	20g	总体积	1000mL

84. 土壤浸汁-蛋白胨牛肉膏培养基(ATCC 654)

成　分	用　量	成　分	用　量
土壤浸汁液(土壤 400g 于 960mL 水中过滤)	1000mL	琼脂	15g
蛋白胨	5g	pH	自然
牛肉膏	3g	总体积	1000mL

85. 海洋菌琼脂 2216(ATCC 2)

成　分	用　量	成　分	用　量
蛋白胨	5g	硝酸铵	0.0016g
酵母膏	1g	磷酸氢二钠	0.008g
柠檬酸铁	0.1g	氯化锶	0.034g
溴化钾	0.08g	硼酸	0.022g
氯化钠	19.45g	硅酸钠	0.004g
氯化镁	8.8g	氟化钠	0.0024g
硫酸钠	3.24g	琼脂	15g
氯化钙	1.8g	水	1000mL
氯化钾	0.55g	pH	7.4~7.8
碳酸氢钠	0.16g	总体积	1000mL

86. 兔血琼脂(ATCC 4)培养基

成　分	用　量	成　分	用　量
特殊蛋白胨	23g	琼脂	10g
淀粉	1g	水	1000mL
氯化钠	5g	pH	7.1~7.5
无菌脱纤维羊血(兔血)	5%~10%	总体积	1000mL

87. 孢子形成培养基(ATCC 5)

成　分	用　量	成　分	用　量
胰蛋白胨	2g	琼脂	15g
酵母膏	1g	水	1000mL
牛肉膏	1g	pH	7.2
葡萄糖	10g	总体积	1000mL
硫酸亚铁	微量		

88. 胰蛋白胨大豆琼脂培养基(ATCC 18)

成　分	用　量	成　分	用　量
胰蛋白胨大豆肉汤	30g	pH	自然
琼脂	15g	总体积	1000mL
水	1000mL		

89. YPAD 培养基(ATCC 109)

成　分	用　量	成　分	用　量
蛋白胨	20g	水	1000mL
酵母膏	10g	pH	7.0
葡萄糖	20g	总体积	1000mL
琼脂	20g		

90. SP 培养基(ATCC 432)

成　分	用　量	成　分	用　量
棉子糖	1g	磷酸氢二钾	0. 25g
蔗糖	1g	琼脂	20g
半乳糖	1g	水	1000mL
可溶性淀粉	5g	pH	自然
水解酪蛋白	2. 5g	总体积	1000mL
七水合硫酸镁	0. 5g		

91. 胰蛋白胨大豆酵母浸膏琼脂(TSA-YE)

成　分	用　量	成　分	用　量
胰蛋白胨	15. 5g	琼脂	15g
大豆蛋白胨	5g	水	1000mL
氯化钠	5g	pH	7. 3
酵母膏	6. 5g	总体积	1000mL

92. ATCC 20

成　分	用　量	成　分	用　量
蛋白胨	5g	琼脂	20g
磷酸氢二钾	3g	水	1000mL
葡萄糖	2g	pH	7. 3~7. 5
酵母膏	15g	总体积	1000mL

93. TY 培养基

成　分	用　量	成　分	用　量
蛋白胨	10g	琼脂	20g
氯化钠	5g	水	1000mL
葡萄糖	1g	pH	7. 0
酵母膏	5g	总体积	1000mL

94. 硫醇(Thiol)培养基(ATCC 49)

成　分	用　量	成　分	用　量
示蛋白胨 3 号	10g	*p*-氨基苯甲酸	0. 05g
氯化钠	5g	琼脂	10g
葡萄糖	1g	水	1000mL
酵母膏	5g	pH	6. 9~7. 3
硫醇复合物	8g	总体积	1000mL

95. 查氏琼脂培养基(ATCC 134)

成　分	用　量	成　分	用　量
查氏肉汤	35g	pH	自然
琼脂	15g	总体积	1000mL
水	1000mL		

96. MG/L 培养基

成　分	用　量	成　分	用　量
蛋白胨	5g	酵母膏	2.5g
甘露醇	5g	氯霉素	0.05g
谷氨酸钠	1.15g	琼脂	20g
生物素	0.0001g	水	1000mL
磷酸氢二钾	0.25g	pH	7.0
氯化钠	0.1g	总体积	1000mL
七水合硫酸镁	0.1g		

97. Eclb Broth 培养基

成　分	用　量	成　分	用　量
蛋白胨	10g	琼脂	20g
酵母膏	5g	水	1000mL
氯化钠	5g	pH	7.0
氨苄青霉素	0.3g	总体积	1000mL

98. Bennetts Agar(IFO 228)

成　分	用　量	成　分	用　量
牛肉膏	1g	琼脂	20g
酵母膏	1g	水	1000mL
NZ 胺，type A	2g	pH	7.3
葡萄糖	10g	总体积	1000mL

99. Harrold's M40Y(ATCC 319)

成　分	用　量	成　分	用　量
麦芽膏	20g	水	1000mL
酵母膏	5g	pH	自然
蔗糖	400g	总体积	1000mL
琼脂	20g		

100. ISP 5(IFO 265)

成　分	用　量	成　分	用　量
L-天冬氨酸	1g	琼脂	20g
甘油	10g	水	1000mL
磷酸氢二钾	1g	pH	7.2
微量元素溶液	1mL	总体积	~1000mL

101. 微量元素溶液

成　分	用　量	成　分	用　量
七水合硫酸亚铁	0.1g	水	100mL
四水合氯化锰	0.1g	pH	自然
七水合硫酸锌	0.1g	总体积	100mL

102. 马铃薯牛肉汁培养基

成　分	用　量	成　分	用　量
马铃薯	200g	水	1000mL
麦芽糖	20g	pH	7.0~7.2
蛋白胨	3g	总体积	1000mL
牛肉膏	5g		

103. ISP 2

成　分	用　量	成　分	用　量
酵母膏	4g	水	1000mL
麦芽汁	10g	pH	7.0
葡萄糖	4g	总体积	1000mL
琼脂	20g		

104. BHI 培养基

成　分	用　量	成　分	用　量
牛脑	200g	琼脂	20g
牛心浸出汁	250g	水	1000mL
蛋白胨	10g	pH	6.8~7.2
氯化钠	5g	总体积	1000mL
葡萄糖	2g		

105. YPG 培养基

成　分	用　量	成　分	用　量
酵母膏	10g	水	1000mL
蛋白胨	20g	pH	7.0
葡萄糖	20g	总体积	1000mL
琼脂	20g		

106. 兔食琼脂培养基(ATCC 340)

成　分	用　量	成　分	用　量
兔食	25g	pH	自然
琼脂	20g	总体积	1000mL
水	1000mL		

107. 马铃薯琼脂(ATCC 423)

成　分	用　量	成　分	用　量
马铃薯	200g	水	1000mL
琼脂	15g	pH	6.8
硫酸锰	0.005g	总体积	1000mL

108. 马铃薯浸汁加无机盐培养基(ATCC 470)

成分	用量	成分	用量
马铃薯	200g	磷酸氢二钾	0.5g
七水合硫酸镁	0.4g	五水合硫酸锰	0.02g
七水合硫酸锌	0.01g	水	1000mL
五水合硫酸铜	0.01g	pH	6.8
七水合硫酸亚铁	0.1g	总体积	1000mL
二水合氯化钙	0.1g		

109. 无机盐淀粉琼脂培养基(ATCC 527)

成分	用量	成分	用量
可溶性淀粉	10g	七水合氯化锰	0.001g
硫酸镁	1g	七水合硫酸锌	0.001g
氯化钠	1g	琼脂	20g
硫酸铵	2g	水	1000mL
七水合硫酸亚铁	0.001g	pH	7.0~7.4
碳酸钙	2g	总体积	1000mL
磷酸氢二钾	1g		

110. AS 125

成分	用量	成分	用量
新鲜鸡蛋	15~16	马铃薯粉	18.8g
2%孔雀(石)绿	10g	甘油	7.5mL
磷酸氢二钾	1.5g	水	375mL
七水合硫酸镁	0.375g	pH	自然
天冬酰胺	2.25g	总体积	~1000mL

111. 燕麦片琼脂培养基

成分	用量	成分	用量
燕麦片	60g	pH	自然
琼脂	12.5g	总体积	1000mL
水	1000mL		

112. 细菌培养基(ATCC 573)

成分	用量	成分	用量
硫酸铵	1.3g	酵母膏	1g
磷酸氢二钾	0.37g	硫酸	微量(调 pH)
七水合硫酸镁	0.25g	琼脂	40g
二水合氯化钙	0.07g	水	1000mL
三氯化铁	0.02g	pH	4.0
葡萄糖	1g	总体积	1000mL

113. 碎肉培养基(ATCC 593)

成　分	用　量	成　分	用　量
牛肉(去脂肪)	500g	0.025%刃天青溶液	4mL
氢氧化钠	25mL	L-半胱氨酸	0.5g
蛋白胨	30g	水	1000mL
酵母膏	5g	pH	7.0
磷酸氢二钾	5g	总体积	1025mL

114. YMPG

成　分	用　量	成　分	用　量
麦芽汁	3g	琼脂	20g
葡萄糖	10g	水	1000mL
蛋白胨	5g	pH	6.8
酵母膏	3g	总体积	1000mL
七水合硫酸亚铁	0.1g		

115. TGYM 培养基(ATCC 679)

成　分	用　量	成　分	用　量
葡萄糖	1g	水	1000mL
胰蛋白胨	5g	pH	自然
酵母膏	3g	总体积	1000mL
DL-蛋氨酸	0.5g		

116. TYG 培养基(ATCC 741)

成　分	用　量	成　分	用　量
葡萄糖	3g	琼脂	20g
胰蛋白胨	3g	水	1000mL
酵母膏	3g	pH	7.4
磷酸氢二钾	1g	总体积	1000mL

117. M9 培养基

成　分	用　量	成　分	用　量
葡萄糖	10g	氯化铵	0.5g
维生素 B1	0.001g	水	1000mL
磷酸氢二钠	12.8g	pH	自然
磷酸二氢钾	3g	总体积	1000mL
氯化钠	0.5g		

118. IFFI 8 M

成　分	用　量	成　分	用　量
麦芽汁或麦芽汁浸膏	3g	水	1000mL
酵母膏	5g	pH	自然
碳酸钙	6g	总体积	1000mL
琼脂	20g		

119. 燕麦琼脂培养基

成　分	用　量	成　分	用　量
燕麦	40g	pH	5.8
琼脂	5g	总体积	1000mL
水	加至 1000mL		

120. V8-果汁琼脂培养基(AYCC 343)

成　分	用　量	成　分	用　量
V8-果汁	200g	水	1000mL
碳酸钙	3g	pH	5.8
琼脂	20g	总体积	1200mL

121. GC 培养基(AYCC 814)

成　分	用　量	成　分	用　量
GC 琼脂培养基(BBL 11275)	36g	水	1000mL
枯燥色牛血红蛋白(BBL 11871)	10g	pH	5.8
Iso Vitale X(BBL 11876)	10mL	总体积	1010mL
琼脂	5g		

122. 固氮螺菌培养基(AYCC 838)

成　分	用　量	成　分	用　量
磷酸氢二钾	0.1g	二水合钼酸钠	0.002g
磷酸二氢钾	0.4g	苹果酸钠	5g
七水合硫酸镁	0.2g	酵母膏	0.05g
氯化钠	0.1g	水	1000mL
氯化钙	0.02g	pH	7.2~7.4
三氯化铁	0.01g	总体积	1000mL

123. BG-11 培养基

成　分	用　量	成　分	用　量
磷酸氢二钾	0.04g	微量元素溶液 A5	1mL
硝酸钠	1.5g	氨苄青霉素	0.05g
七水合硫酸镁	0.075g	琼脂	20g
七水合氯化钙	0.036g	水	加至 1000mL
碳酸钠	0.02g	pH	5.8
柠檬酸	0.006g	总体积	1000mL
柠檬酸铁	0.006g		

124. 微量元素溶液 A5

成　分	用　量	成　分	用　量
硼酸	2.86g	六水合硝酸钴	49.4g
四水合氯化锰	1.81g	水	1000mL
硫酸锌	0.222g	pH	自然
钼酸钠	0.39g	总体积	1000mL
五水合硫酸铜	0.079g		

125. GYMC 培养基

成　分	用　量	成　分	用　量
葡萄糖	4g	琼脂	20g
酵母膏	2g	水	1000mL
麦芽汁	20g	pH	6.8~7.0
碳酸钙	1.5g	总体积	1000mL

126. LCSB 培养基

成　分	用　量	成　分	用　量
乳糖	15g	五水合硫酸铜	0.002g
玉米浆	5g	琼脂	20g
蛋白胨	5g	水	加至 1000mL
氯化钠	4g	pH	4.8
七水合硫酸镁	0.5g	相对湿度	65%
磷酸二氢钾	0.6g	总体积	1000mL
六水合三氯化铁	0.005g		

127. 葡萄糖、酵母膏琼脂(ATCC 846)

成　分	用　量	成　分	用　量
10%葡萄糖溶液	50mL	琼脂	20g
酵母膏	5g	水	加至 1000mL
蛋白胨	1g	pH	6.8
氯化钠	1g	总体积	1000mL
硫酸二氢钾	1g		

128. 增强梭菌生长的培养基(ATCC 1053)

成　分	用　量	成　分	用　量
胰蛋白胨	10g	半胱氨酸盐酸盐	0.5g
酵母膏	3g	醋酸钠	3g
牛肉膏	10g	琼脂	15g
氯化钠	5g	水	1000mL
葡萄糖	5g	pH	6.6~7.0
可溶性淀粉	1g	总体积	1000mL

129. 酵母膏-甘露(糖)醇琼脂培养基(ATCC 1205)

成分	用量	成分	用量
磷酸氢二钾	0.5g	酵母膏	0.4g
七水合硫酸镁	0.2g	水	加至 1000mL
氯化钠	0.1g	pH	自然
甘露(糖)醇	10g	总体积	1000mL

130. 番茄糊精琼脂培养基(ATCC 965)

成分	用量	成分	用量
番茄汁	20g	酵母膏	10g
糊精	20g	水	1000mL
六水合氯化钴	0.005g	pH	7.2~7.4
琼脂	20g	总体积	1000mL

131. 嗜热菌无机盐溶液(ATCC 1554)

成分	用量	成分	用量
硫酸亚铁	0.001g	氯化铵	0.25g
七水合硫酸镁	0.2g	微量元素溶液	10mL
磷酸氢二钠	0.21g	十七烷	0.1%(V/V)
磷酸二氢钠	0.09g	水	1000mL
氯化钾	0.04g	pH	自然
氯化钙	0.015g	总体积	1010mL
硝酸钠	0.25g		

132. 微量元素溶液

成分	用量	成分	用量
五水合硫酸铜	0.5g	七水合硫酸钴	0.018g
硼酸	0.001g	水	1000mL
五水合硫酸锰	0.007g	pH	自然
七水合硫酸锌	0.007g	总体积	1000mL
三氧化钼	0.001g		

133. 醋杆菌培养基(AS 1)

成分	用量	成分	用量
葡萄糖	100g	水	1000mL
酵母膏	10g	pH	6.8
碳酸钙	20g	总体积	1000mL
琼脂	15g		

134. 葡萄糖天冬酰胺琼脂培养基(AS 11)

成　分	用　量	成　分	用　量
葡萄糖	10g	水	1000mL
天冬酰胺	0.5g	pH	7.2~7.4
磷酸氢二钾	0.5g	总体积	1000mL

135. 麦芽汁琼脂培养基(AS 13)

成　分	用　量	成　分	用　量
麦芽汁(12 白利)	1000mL	pH	自然
琼脂	15g	总体积	1000mL

136. ATCC 805

成　分	用　量	成　分	用　量
酵母膏	1g	琼脂	20g
七水合硫酸镁	1g	水	1000mL
甘露糖醇	5g	pH	7.4
磷酸氢二钾	0.7g	总体积	1000mL
磷酸二氢钾	0.1g		

137. Todd-Hewitt 培养基

成　分	用　量	成　分	用　量
牛心脏	500g	碳酸钠	2.5g
蛋白胨	20g	琼脂	20g
葡萄糖	2g	水	1000mL
氯化钠	2g	pH	7.8
磷酸氢二钠	0.4g	总体积	1000mL

138. MSK 培养基

成　分	用　量	成　分	用　量
酵母膏	1g	水	1000mL
脱脂奶粉	100g	pH	6.9
琼脂	20g	总体积	1000mL

139. IFFI 24 M

成　分	用　量	成　分	用　量
蛋白胨	10g	氯化钠	5g
牛肉膏	5g	琼脂	20g
酵母膏	5g	水	1000mL
葡萄糖	10g	pH	6.8
乳糖	5g	总体积	1000mL

140. PCA 培养基(ATCC 343)

成 分	用 量	成 分	用 量
马铃薯	20g	水	1000mL
胡萝卜	20g	pH	5.8
琼脂	20g	总体积	1000mL

141. MH 琼脂培养基

成 分	用 量	成 分	用 量
牛肉膏	300g	琼脂	20g
水解酪蛋白	17.5g	水	1000mL
淀粉	1.5g	pH	7.2
磺胺嘧啶	0.05g	总体积	1000mL
氨苄青霉素	0.05g		

142. MRS(DSM 11)

成 分	用 量	成 分	用 量
水解酪蛋白	10g	七水合硫酸锰	0.2g
酵母膏	5g	硫酸镁	0.05g
葡萄糖	20g	琼脂	20g
吐温 80	1g	水	1000mL
柠檬酸铵	2g	pH	6.2~6.5
磷酸钾	2g	总体积	1000mL
醋酸钠	2g		

143. 棒状杆菌噬菌体培养基(AS 48)-1

成 分	用 量	成 分	用 量
牛肉膏	3g	水	1000mL
蛋白胨	5g	pH	7.0
氯化钠	5g	总体积	1000mL
葡萄糖	10g		

144. 棒状杆菌噬菌体培养基(AS 48)-2

成 分	用 量	成 分	用 量
玉米浆	8g	Fe^{3+}	2×10^{-6}
三水合磷酸钾	1g	Mn^{2+}	2×10^{-6}
七水合硫酸镁	0.4g	水	1000mL
葡萄糖	20g	pH	7.0
尿素	5g	总体积	1000mL

145. 营养肉汤和葡萄糖培养基(AS 100)

成　分	用　量	成　分	用　量
牛肉膏	10g	琼脂	15~20g
蛋白胨	10g	水	1000mL
葡萄糖	10g	pH	7.0
氯化钠	5g	总体积	1000mL

146. 尿囊素无机盐培养基(DSM 6)

成　分	用　量	成　分	用　量
磷酸氢二钾	0.8g	尿囊素	20g
磷酸二氢钾	0.2g	琼脂	15g
七水合硫酸镁	0.5g	水	1000mL
二水合氯化钙	0.05g	pH	7.0
七水合硫酸亚铁	0.01g	总体积	1000mL
一水合硫酸锰	0.001g		

147. 碱性营养琼脂培养基(DSM 31)

成　分	用　量	成　分	用　量
蛋白胨	5g	水	1000mL
牛肉膏	3g	pH	9.7
1M Na-Sesquicar-bonate 溶液	1:10(V/V)	总体积	1100mL
琼脂	20g		

148. Na-Sesquicar-bonate 溶液

成　分	用　量	成　分	用　量
碳酸氢钠	4.2g	水	100mL
碳酸钠	5.3g	总体积	100mL

149. 胰蛋白胨大豆琼脂培养基(DSM 220)

成　分	用　量	成　分	用　量
酪蛋白胨	5g	水	1000mL
豆粉蛋白胨	5g	pH	7.3
氯化钠	5g	总体积	1000mL
琼脂	15g		

150. IFO 203

成　分	用　量	成　分	用　量
蛋白胨	10g	甘油	15g
酵母粉	5g	琼脂	20g
氯化钠	3g	水	加至 1000mL
肝浸出液	25g	pH	7.3
葡萄糖	3g	总体积	1000mL

151. IFO 231

成分	用量	成分	用量
酵母膏	1g	琼脂	20g
牛肉膏	1g	水	1000mL
NZ 胺	2g	pH	7.3
麦芽糖	10g	总体积	1000mL

152. ATCC 464

成分	用量	成分	用量
蛋白胨	5g	琼脂	20g
胰蛋白胨	5g	水	1000mL
酵母膏	5g	pH	自然
葡萄糖	5g	总体积	1000mL

153. MRS 培养基

成分	用量	成分	用量
蛋白胨	10g	琼脂	20g
牛肉膏	10g	水	1000mL
酵母膏	5g	pH	6.5
葡萄糖	10g	总体积	1000mL

154. SEM 培养基

成分	用量	成分	用量
蔗糖	10g	碳酸钙	1g
磷酸氢二钾	0.5g	琼脂	20g
酵母膏	0.4g	水	1000mL
七水合硫酸镁	0.2g	pH	7.0~7.2
氯化镁	0.2g	总体积	1000mL

155. AS 95

成分	用量	成分	用量
牛肉膏	5g	氯化钠	5g
酵母膏	5g	琼脂	20g
蛋白胨	10g	水	1000mL
葡萄糖	10g	pH	6.8
乳糖	5g	总体积	1000mL

156. R2YE，R5

成　分	用　量	成　分	用　量
蔗糖	103g	磷酸二氢钾(0.5%)	10mL
硫酸钾	0.25g	二水合氯化钙(5mol/L)	4mL
六水合氯化镁	10.12g	L-脯氨酸(20%)	150mL
葡萄糖	10g	氢氧化钠(1mol/L)	7mL
水解酪蛋白	0.1g	琼脂	20g
微量元素溶液	2mL	水	1000mL
酵母膏	5g	pH	7.2
TES 缓冲液	57.3mL	总体积	~1230mL

157. 微量元素溶液

成　分	用　量	成　分	用　量
氯化锌	0.04g	四水合七钼酸铵	0.01g
六水合氯化亚铁	0.2g	水	加至 1000mL
二水合氯化铜	0.01g	pH	自然
四水合氯化锰	0.01g	总体积	1000mL
十水合硼酸钠	0.01g		

158. M 17

成　分	用　量	成　分	用　量
牛肉膏	50g	七水合硫酸镁	2.5g
蔗糖	10g	磷酸甘油二钠	190g
酵母膏	25g	琼脂	20g
胰蛋白胨	50g	水	1000mL
大豆蛋白胨	50g	pH	6.9
抗坏血酸	5g	总体积	1000mL

159. 乳酸钠 M

成　分	用　量	成　分	用　量
乳酸钠	10g	三氯化铁	0.004g
磷酸氢二钾	1.67g	酵母膏	1g
七水合硫酸镁	0.1g	琼脂	20g
磷酸二氢钾	0.87g	水	1000mL
氯化钠	0.05g	pH	6.8
氯化钙	0.04g	总体积	1000mL

附录2　微生物染色常用染液配方

1. 革兰氏染色

(1) 结晶紫染色液：

A液：结晶紫(90%含量)2.0g，95%乙醇20.0mL。

B液：草酸铵0.8g，蒸馏水80.0mL。

将A液和B液混合即成。

(2) 路戈(Lugol)氏碘液：

碘1.0g，碘化钾2.0g，蒸馏水300mL。

先将碘化钾溶于少量蒸馏水中，然后加入碘使之完全溶解，再加蒸馏水至300mL即成。配成后贮于棕色瓶内备用，如变为浅黄色即不能使用。

(3) 95%乙醇溶液：

无水乙醇95.0mL，蒸馏水5.0mL。

(4) 番红染色液：

番红O 0.25mL，95%乙醇10.0mL，蒸馏水100.0mL。

2. 芽孢染色

(1) 孔雀绿水溶液：

孔雀绿5.0g，蒸馏水100.0mL。

(2) 番红染色液：

番红O 0.25mL，95%乙醇10.0mL，蒸馏水100mL。

3. 荚膜染色

(1) 结晶紫染色液：

结晶紫(85%含量)1.0g，蒸馏水100.0mL。

(2) 硫酸铜溶液：

$CuSO_4 \cdot 5H_2O$ 20.0g，蒸馏水80.0mL。

4. 鞭毛染色

硝酸银染色液：

A液：单宁酸5g，$FeCl_3$ 1.5g，蒸馏水100.0mL。

溶解后加入1% NaOH溶液1mL和15%甲醛溶液2mL。

B液：硝酸银2.0g，蒸馏水100.0mL。

B液配好后先取出10mL做回滴用。往90mL B液中滴加浓氢氧化氨溶液，当出现大量沉淀时再继续滴加浓氢氧化氨溶液，直到溶液中沉淀刚刚消失变澄清为止。然后将留用的10mL B液小心逐滴加入，直到出现轻微和稳定的薄雾为止，注意边滴加边充分摇荡，此步操作尤为关键，应格外小心。配好的染色液4h内使用效果最佳。

5. 吕氏(Loeffier)美蓝染色液

A液：美蓝0.3g，95%乙醇30.0mL。

B液：0.01% KOH 100mL。

混合A液和B液即成，用于细菌单染色，可长期保存。根据需要可配制成稀释美蓝液，按 1：10 或 1：100 稀释均可。

6. 乳酸石炭酸棉蓝染色液

石炭酸(结晶酚)20.0g，乳酸 20.0mL，甘油 40.0mL，棉蓝 0.05g，蒸馏水 20.0mL。

先将石炭酸、乳酸、甘油加入蒸馏水后在热水浴中溶解，再加入棉蓝溶解。

7. 吲哚试剂(Kovac's 试剂)

对二甲基氨基苯甲醛 2.0g，95%乙醇 190mL，浓盐酸 40.0mL。

先将对二甲基氨基苯甲醛溶于 95%乙醇中，然后再加浓盐酸即可。

8. 甲基红试剂

甲基红 0.04g，95%乙醇 60.0mL，蒸馏水 40.0mL

先将甲基红溶于 95%乙醇中，然后再加入蒸馏水即可。

9. 溴甲酚紫指示剂

溴甲酚紫 0.04g，0.01mol/L NaOH 6.4mL，蒸馏水 93.6mL。

附录 3　海洋产酶微生物筛选常用方法

1. 产淀粉酶的海洋微生物的筛选

(1) 培养基：

2216E 培养基：蛋白胨 5g，酵母浸膏 1g，磷酸高铁 0.01g，人工海水 1000mL，调节 pH 7.2~7.6。

平板筛选培养基：可溶性淀粉 10g，琼脂 10g~20g，硝酸铵 5g，人工海水 1000mL，调节 pH 7.2~7.6。

种子培养基：蛋白胨 5g，酵母膏 3g，葡萄糖 6g，人工海水 1000mL，调节 pH 7.2~7.6

摇瓶发酵培养基：麸皮 5g，蛋白胨 5g，人工海水 1000mL，pH 值自然。

(2) 产酶菌株的分离：

初筛：将 13 株菌种点于平板筛选培养基，30℃恒温培养 7 天，测量透明圈、菌落直径比。

复筛：将初筛菌株在试管斜面 30℃培养 1 天后，接入复筛摇瓶培养基(250mL 三角瓶装 70mL 培养基)，150r/min、30℃培养 4 天，测定酶活力，选定酶活力最高的菌株为目的菌。

(3) 酶活力的测定：

酶活性的测定采用 3，5-二硝基水杨酸试剂显色法：以 1mL 粗酶液在 45℃、pH 7 的条件下每分钟水解淀粉产生相当于 1μg 葡萄糖的还原糖所需的酶量定义为一个酶活单位(U)。

2. 产纤维素酶的海洋微生物的筛选

(1) 培养基：

分离用培养基：硫酸铵 2.0g，磷酸二氢钾 1.0g，硫酸镁 0.5g，羧甲基纤维素钠 15.0g，琼脂 20.0g，半海水(人工海水与水按 1：1 的体积比配制而成。下同)1000mL，pH 7.5。

液体种子培养基：硫酸铵 2.0g，磷酸二氢钾 1.0g，硫酸镁 0.5g，羧甲基纤维素钠 15.0g，酵母膏 3.0g，半海水 1000mL，pH 7.5。

发酵培养基：硫酸铵 2.0g，磷酸二氢钾 1.0g，硫酸镁 0.5g，羧甲基纤维素钠 15.0g，酵母膏 3.0g，半海水 1000mL，pH 7.5。

（2）产酶菌株的分离：

采集样品并装入灭过菌的锥形瓶中，平行采 3 组，密封保存，2h 内即带回实验室处理。将样品在无菌条件下研磨，逐级稀释成 10^{-1}、10^{-2}、10^{-3}、10^{-4}、10^{-5}、10^{-6}、10^{-7}浓度梯度的溶液并涂布至羧甲基纤维素钠刚果红培养基平板上。将各平板倒置于 28℃ 的恒温培养箱中培养。选择稀释倍数较好的平板，观察菌落形态。挑出在培养基上形成水解圈的单菌落即是纤维素分解菌，将其接种于羧甲基纤维素钠刚果红培养平板上进行重复划线培养 3～4 次，直到获得纯培养。

（3）酶活力的测定：

取上清液 0.5mL 于试管中，加入含有醋酸-醋酸钠缓冲液（pH 4.6，0.05mol/L）浓度为 10g/L 的羧甲基纤维素钠溶液 1.5mL，然后在 40℃ 水浴锅准确作用 10min 后，立即按 DNS 法（葡萄糖为标准）测定还原糖。酶活单位采用国际单位（U）：即每分钟产生一个微克葡萄糖的酶量作为一个酶活力单位。

3. *产木聚糖酶的海洋微生物的筛选*

（1）培养基：

初筛培养基：木聚糖 15g，NH_4NO_3 5g，K_2HPO_4 2g，$MgSO_4 \cdot 7H_2O$ 0.5g，琼脂 20g，人工海水 1000mL，pH 7.0。

种子培养基：3g 牛肉膏，10g 蛋白胨，5g NaCl，人工海水 1000mL，pH 7.0。

基础产酶培养基：20g 麸皮，10g 酵母膏，人工海水 1000mL，pH 7.0。

（2）产酶菌株的分离：

称取样品于无菌生理盐水中进行梯度稀释，将 10^{-5}、10^{-6}、10^{-7}和 10^{-8}这 4 个梯度的样品悬液分别涂布于木聚糖酶筛选平板，将纯化后的单菌落点种于初筛培养基上，测定透明圈直径（H）和菌落直径（C）的大小，计算 HC 值。

（3）酶活力的测定：

取 0.9mL 含 1%（质量分数）木聚糖的底物，加入 0.1mL 适当稀释的酶液，55℃ 准确反应 10min 后加入 1mL DNS 溶液终止反应，煮沸 10min 显色，冷却至室温后于 540nm 测定 OD 值。一个酶活力单位（U）定义为每分钟释放 1μmol 还原糖所需的酶量。

4. *产蛋白酶的海洋微生物的筛选*

（1）培养基：

斜面培养基（%）：牛肉膏 0.4，蛋白胨 0.6，浸出酵母粉 0.2，琼脂 2.0，pH 7.0，人工海水 100mL。

筛选培养基（%）：酪蛋白 1.0，牛肉浸粉 0.3，NaCl 0.5，$K_2HPO_4$0.2，琼脂 1.5，人工海水 100mL，pH 7.4。

摇瓶发酵培养基（%）：葡萄糖 0.5，酵母粉 1.0，人工海水 100mL，pH 7.0。

（2）产酶菌株的分离：

初筛：取 1mL 富集液适当稀释后涂布于筛选培养上。若细菌产蛋白酶，在菌落周围出现透明水解圈，根据水解圈直径（D）与菌落直径（d）的比值（D/d）大小确定产蛋白酶能力较强的菌株。

复筛：初筛中酶活较高的菌株进行复筛。菌株经 ZoBell 2261E 培养基中活化 12h 后，以 1%的接种量接种于发酵培养基中（25mL/250mL 三角瓶），48h 后测其蛋白酶活，并结合水解圈与菌落直径比值进行筛选。培养箱条件均为37℃、150r/min。

(3) 酶活力的测定:

采用福林-酚法测蛋白酶活。具体步骤:将粗酶液稀释一定倍数后取1mL,在40℃中预热1min,加入40℃、pH7.0的2%酪蛋白溶液1mL,于40℃准确保温10min。随后加入0.4mol/L的三氯乙酸(TCA)终止酶反应,继续保温20min。过滤,取1mL滤液于5mL 0.4mol/L Na_2CO_3 溶液中,加入福林-酚试剂1mL,40℃保温20min显色,在660nm下测其吸光值。空白实验需先加三氯乙酸于酶液中,再添加酪蛋白,其他步骤同上。

5. 产脂肪酶的海洋微生物的筛选

(1) 培养基:

基本培养基:酵母粉0.3%,蛋白胨0.3%,人工海水1000mL,调节pH7.0左右。

发酵培养基:酵母粉0.5%,蛋白胨0.5%,橄榄油0.2%,人工海水1000mL,调节pH7.0左右。

(2) 产酶菌株的分离:

1) 富集培养:取1g泥样或1mL水样于20mL带有玻璃珠的无菌水中,使沉积物悬浮,取悬浮液1mL接种到100mL的富集培养基三角瓶中,20℃、150r/min培养3天后转接400μL浑浊的菌液到新鲜的液体富集培养基中,连续富集3轮。

2) 菌株的初筛:取0.1mL富集菌液梯度稀释后涂布平板分离培养基进行初筛,20℃培养3~7天后观察透明圈的大小。

3) 菌株的纯化:挑取初筛培养基上菌落周围变色圈大的菌落,稀释涂布于纯化培养基上进一步纯化,得到纯化的单菌落。

4) 菌株的复筛:将单菌落点种于分离培养基上,20℃培养3天,测量透明圈直径大小;将透明圈直径最大的菌株接入种子培养基中150r/min培养24h,再以6%的接种量接到初始发酵培养基中,在不同温度下测定其发酵液酶活力。

(3) 酶活力的测定:

发酵液经10000r/min离心20min,取上清液测酶活。取3个100mL锥形瓶,分别加入4mL聚乙烯醇橄榄油乳化液,5mL 0.05 mol/L、pH值为8的磷酸盐缓冲液,其中1个锥形瓶作为对照样,提前加入95%乙醇15mL,于30℃水浴锅中预热5min。向3个锥形瓶中加入1mL酶液,立即混匀计时10min,向2个样品瓶中加入15mL 95%乙醇终止反应。向3个锥形瓶中滴加3滴酚酞作为指示剂,用0.05mol/L NaOH溶液滴定水解产生的游离脂肪酸,根据酶活公式计算酶活。酶活定义:1mL酶液于30℃、pH值8的条件下,水解脂肪1min生成1μmol的脂肪酸所需要的酶量定义为1个酶活力单位。

6. 产几丁质酶的海洋微生物的筛选

(1) 培养基:

Zobell 2216E培养基:酵母膏1g,蛋白胨5g,$FePO_4$ 0.1g,陈海水1000mL,pH 7.2左右,琼脂20g。

菌株筛选培养基:酵母膏1g,$FePO_4$ 0.1g,胶体几丁质5g,陈海水1000mL,pH 7.2左右。

发酵培养基:以Zobell 2216E液体培养基为基础,加入胶体几丁质(5g/L)。

(2) 产酶菌株的分离：

称取适量样品，放入盛有 90mL 无菌水及玻璃珠的三角瓶中，150r/min 振荡 15min 使样品充分分散混匀，按梯度(10^{-5}，10^{-6}等)稀释后涂布于含有胶体几丁质的筛选培养基平板。20℃倒置培养 2~3 天，挑取产生透明圈比较明显的菌株进行多次划线纯化，并结合显微镜观察得到纯菌株。

(3) 酶活力的测定：

取粗酶液 0.1mL 与 0.9mL、1%胶体几丁质混合，20℃下保温 30min 后，将反应混合物在沸水浴中加热 10min 终止酶反应，10000×g 离心 5min，取上清液 0.5mL，加入 1mL Schales'试剂，沸水浴 10min，测定 OD_{420}，设 3 个重复，取平均值，根据 *N*-乙酰-D-氨基葡萄糖标准曲线计算酶活力。酶活单位定义(U)：在上述条件下，1min 催化产生相当于 1μmol 的 *N*-乙酰-D-氨基葡萄糖的还原糖所需的酶量。

7. 产壳聚糖酶的海洋微生物的筛选

(1) 培养基：

发酵培养基：碳源 1.0%，酵母膏 0.1%，蛋白胨 0.5%，$FePO_4$ 0.01%，陈海水 100mL，pH 7.6，在 115~121℃灭菌 20min，冷却待用。

平板分离培养基：1.0%胶体壳聚糖，0.5%蛋白胨，0.1%酵母膏，2%琼脂，100mL 陈海水，115~120℃，灭菌 20min，冷却待用。

改良的 PDA 培养基：将马铃薯洗净，去皮，切成 $2cm^2$ 的小块备用。取 20g 放入烧杯中，加入 100mL 陈海水，煮沸 30min，用玻璃棒搅拌以防糊底。用双层纱布过滤，取其滤液，补足海水，加入 0.5%壳聚糖和 1%蔗糖，在 115~121℃灭菌 20min，冷却待用。

(2) 产酶菌株的分离：

取每个采集的海水和泥样适量，加入到预先灭好菌的富集培养基中，25℃摇瓶培养 2 天。取富集培养液用陈海水稀释一系列梯度，取一定量的稀释液加入平板分离培养基上，涂布后 30℃培养 3~5 天，挑取透明圈大的菌落接入斜面种子培养基上培养 2~3 天。将纯化后的菌种点种于平板分离培养基上，于 30℃培养 2~3 天，将菌落周围透明圈较大者挑出，接入斜面，30℃培养。将初筛菌株在试管斜面 30℃培养 1 天后，按 4%的接种量接入复筛培养基(500mL 三角瓶装 100mL 培养基)，150r/min、30℃条件下培养 4 天，每个菌种设定 3 个重复，测定酶活力选定酶活力最高的菌株为目的菌。

(3) 酶活力的测定：

分别取 0.1mL 酶液(必要时作适当倍数的稀释)于 25mL 的比色管中，加入 0.9mL 质量分数为 1%的壳聚糖溶液(pH 值为 5.8 的 HAc-NaAc 缓冲液配制)和 1mL 0.2mol/L pH 值为 5.8 的 HAc-NaAc 缓冲液，50℃保温 15min 后，立即加入 1.5mL DNS 终止酶反应，沸水浴反应显色 5min，取出冷却至室温，定容至 25mL，混合均匀取 5mL，5000r/min 离心 10min 去除沉淀，对照管以相同条件下加灭活的酶液在 520nm 处测定光吸收值，一个酶活力单位(U)定义为在 50℃下每分钟催化生成相当于 1μmol 氨基葡萄糖的还原糖所需的酶量。

8. 产褐藻胶裂解酶的海洋微生物的筛选

(1) 培养基：

无机营养盐溶液(1000mL)：NaCl 5g，KH_2PO_4 1g，$MgSO_4 \cdot 7H_2O$ 0.5g，$CaCl_2$ 0.2g，

$FeSO_4 \cdot 7H_2O$ 0.02g；分离培养基(1000mL)：无机营养盐溶液中加入褐藻酸钠 7g，$(NH_4)_2SO_4$ 5g，琼脂 20g，pH 7.2；产酶发酵培养基(1000mL)：无机营养盐溶液中加入褐藻酸钠 10g，蛋白胨 5g，酵母粉 1g，pH 7.2；种子培养基同发酵培养基。

(2) 产酶菌株的分离：

称取土壤或淤泥 10g，放入盛有 90mL 无菌水及玻璃珠的三角瓶中，220r/min 振荡 15min 使样品充分分散，梯度稀释后涂布于含有褐藻酸钠的分离培养基平板。30℃倒置培养 2~3 天，挑取生长良好、形态不一的菌落进行多次划线纯化，并结合显微镜观察得到纯菌株。海水和淡水样品直接进行梯度稀释后涂布分离培养基平板。

初筛：将分离得到的菌株挑取一环，接种于 50mL 产酶发酵培养基，30℃、150r/min 条件下培养，观察培养基黏度变化。培养 4 天后取发酵上清液检测是否有酶活。

复筛：将初筛获得的产酶菌株挑取一环，接种于 25mL 种子培养基，30℃、150r/min 摇床培养 24h。种子液以 2%的接种量转接于 50mL 产酶发酵培养基，30℃、150r/min 培养。分别于 1~6 天取样，将发酵液 12000r/min 离心 10min，取上清液作为粗酶液测酶活。

(3) 酶活力的测定：

酶活力测定采用 3,5-二硝基水杨酸法(DNS)，以 0.5%(W/V)褐藻酸钠为底物，测定发酵上清液中的褐藻胶裂解酶活力。酶活力单位定义为：每分钟释放 1μmol 还原糖(以葡萄糖计)所需的酶量为一个酶活力单位(U)。发酵液酶活力单位定义为每毫升发酵液含酶活单位(U/mL)。

9. 产卡拉胶酶的海洋微生物的筛选

(1) 培养基：

种子培养基：κ-卡拉胶 3g/L、蛋白胨 3g/L、$FeSO_4 \cdot 7H_2O$ 0.02g/L、NaCl 20g/L、无机盐母液 100mL、水 900mL、pH 7.00，121℃灭菌 20min；发酵培养基：卡拉胶 2.15g/L、酵母浸提物 4.29g/L、$FeSO_4 \cdot 7H_2O$ 0.02g/L、NaCl 20g/L、无机盐母液 100mL、水 900mL、pH 7.10，121℃灭菌 20min；无机盐母液配制，$MgSO_4 \cdot 7H_2O$ 0.05%、$CaCl_2$ 0.02%、KH_2PO_4 0.1%；κ-卡拉胶。

(2) 产酶菌株的分离：

初筛：以卡拉胶作为唯一碳源，制备卡拉胶选择培养基，从多种海藻表面分离卡拉胶降解菌，根据菌落周围透明圈的大小初步判断菌种的卡拉胶降解能力。复筛：选取降解活力较高的菌株进行纯化，接种至液体培养基中，于 32℃条件下，200r/min 振荡培养 24h，检测发酵液的产酶活力。将筛选到的菌株由斜面接到 100mL(250mL 三角瓶)液体发酵培养基中，于 28℃、180r/min 培养 24h，制成种子液。然后按 5%的接种量将种子液加到 100mL(250mL 三角瓶)相应液体培养基中，于一定条件下进行培养，定时取样，4000r/min 离心 10min 后测定发酵液中的酶活。

(3) 酶活力的测定：

取 0.1mL 酶液加入到 0.9mL 卡拉胶底物(含 0.2%卡拉胶的 0.2mol/L 甘氨酸-NaOH 缓冲液，pH 9.0 中，40℃反应 15min，用 100℃灭活 5min 的酶液作对照。用 DNS 法测定还原糖的产生量。1 个酶活力单位(U)定义为：在该条件下，每分钟产生 1μg 还原糖(以 D-半乳糖计)所需要的酶量。

10. 产琼胶酶的海洋微生物的筛选

（1）培养基：

选择培养基：琼脂 20g，$NaNO_3$ 5g，豆饼粉 0.5g，$MgCl_2 \cdot 6H_2O$ 0.02g，K_2HPO_4 0.1g，$FeSO_4 \cdot 7H_2O$ 0.02g，过滤海水 1000mL，pH 7.5。

液体种子培养基：蛋白胨 1g，酵母膏 0.5g，KNO_3 5g，人工海水 1000mL，pH 7.5。

摇瓶发酵培养基：琼脂 2g，$KNO_3$5g，人工海水 1000mL，pH 7.5。

（2）产酶菌株的分离：

称取适量样品，用无菌过滤海水进行 10 倍梯度稀释。取稀释后的泥土样品 200μL，分别涂布于选择培养基，22℃培养 5 天。选取菌落周围具有明显水解圈或凹陷的菌株进行 3 次以上划线纯化培养。参照 Hodgson 等的方法，将分离到的菌株平板培养后用卢戈氏碘液染色，根据菌落的凹陷程度和菌落周围的透明圈，选择高活性菌株进行下一步研究。

（3）酶活力的测定：

取 50μL 粗酶液加入 450μL 含 0.5%琼脂的 50mmol/L NaH_2PO_4-Na_2HPO_4 缓冲液（pH 7.0）中，40℃水浴反应 10min，加入 500μL DNS，置于沸水浴中 5min，冷却后，用蒸馏水定容至 5mL，充分混匀后，于 540nm 处测定吸光值。以灭活的酶液作对照。在上述条件下，每分钟释放 1μmoL 还原糖所需的酶量定义为一个酶活力单位（U）。

11. 产岩藻多糖降解酶的海洋微生物的筛选

（1）培养基：

菌种培养基：蛋白胨 5g/L，酵母膏 1g/L，琼脂 12~15g/L。

基础培养基：岩藻多糖 3g/L，NH_4NO_3 2g/L，$CaCl_2.6H_2O$ 0.05g/L，$MgSO_4.7H_2O$ 2g/L，Na_2HPO_4 0.5g/L。

鉴定培养基：岩藻多糖 2%，2 琼脂 2%，刚果红 0.02%，人工海水配制。

（2）产酶菌株的分离：

将采集的样品用无菌水稀释成不同浓度梯度分别涂鉴定培养基上，28℃培养 3~5 天，观察有无变色圈的产生，将产生变色圈的菌株接种到液体培养基中进行培养，取培养液上清液测定其有无酶活。

（3）酶活力的测定：

按照 DNS 法，粗酶液中加入 pH 7.2 的磷酸缓冲液，再取 1mL，加入到 0.8%的褐藻糖胶液 1mL 中，55℃酶解 30min 后于沸水浴中灭活；再加入 DNS 试剂，在沸水浴中保温 7min 显色。显色后的溶液经 20℃、2000r/min 离心 5min，取上清液稀释用紫外可见光光度计于处测 OD_{540}值，以煮沸灭活酶液为对照。以 OD 值提高 0.001 定义为一个酶活力单位（U）。

12. 产石莼多糖降解酶的海洋微生物的筛选

（1）培养基：

3% NaCl（g/L）、0.6% Tris（g/L）、0.5%浒苔多糖（g/L）、0.3% $MgCl_2 \cdot 6H_2O$（g/L）、0.2% K_2SO_4（g/L）、0.05% NH_4Cl（g/L）、0.02% K_2HPO_4（g/L）、0.001% $CaCl_2 \cdot H_2O$（g/L）、0.0006% $FeCl_3 \cdot 6H_2O$（g/L）和 0.0004% $CuCl_2 \cdot 2H_2O$（g/L）溶解于去离子水中，调节 pH 值为 7.5~8.0，150℃高压蒸汽灭菌 30min。

（2）产酶菌株的分离：

初筛：在超净工作台中，向事先配制好的海水培养基中加入浒苔样品 2g，放入 25℃摇床中震荡培养一周，获得菌悬液。将菌悬液稀释(IO-L10-6)并涂布于以浒苔多糖为唯一碳源的固体培养基中，于 25℃下培养，待平板中长出菌落后，在 TYS 平板上进行纯化。复筛：使用 TYS 液体培养基培养菌株，于 25℃摇床中培养过夜，得到种子液。取 1mL 种子液，加入终浓度 18%的甘油，做成甘油管保藏于 80℃，备用。将种子液各取 10mL 接种于以浒苔为唯一碳源的固体培养基上，在 25℃恒温培养箱中培养一周后用卢戈氏碘液染色观察是否产生透明圈；另取种子液按照 1%体积比接入以浒苔多糖为唯一碳源的液体培养基中，在 25℃摇床中培养一周后测定其酶活。

（3）酶活力的测定

取 1mL 胞外发酵液上清，离心取上清液，上清液即为菌株的胞外粗酶液。在 200μL 的反应体系中包括 50mmol/L 的 Tris-HCl(pH 8.0)和 2mg/mL 的浒苔多糖底物，于 300℃金属浴中保温 5min，再加入 20μL 此胞外粗酶液，反应 5h，通过高温煮沸灭活的粗酶液作为空白对照。反应结束后加入 100μL 的 DNS 染液，100℃加热 5min，以终止反应。冷却后将反应体系稍离心，取 200μL 测 OD_{540}吸光度。

附录 4　无菌操作基本要求和超净工作台的使用管理

在普通微生物实验中，接种、分离纯化等操作使用无菌室或超净工作台，要求严格的需在无菌室内再结合超净工作台进行操作。

（1）实验开始前，应以湿式方法清洁台面和打扫室内地面，然后以紫外线或其他方法对无菌室及超净工作台进行消毒。

（2）实验人员应穿戴工作服、口罩、帽子，不准穿着至其他场所，并定期进行清洗和消毒灭菌。

（3）要求无菌的试剂及材料，如蒸馏水、生理盐水、磷酸盐缓冲液、培养基、培养皿、试管、移液管、三角瓶等，均需灭菌或过滤除菌后方可移入无菌室或超净工作台。

（4）无菌器材和试剂，使用前须检查容器或包装是否完整，有破损者不得使用。

（5）每吸取一次不同样液应更换无菌吸管，接种环(针)需在火焰上烧灼灭菌后，才可再次使用。

（6）移液或接种时，应正确持拿试管、平板等，并将试管口和琼脂平板靠近火焰，减少和防止污染。

（7）操作时，双手用 75%酒精棉消毒；棉塞不乱放；操作细心、正确、快速；棉塞须松紧适宜。

（8）所有用过的污染器材，应立即放入盛有消毒液的容器中，以防止对周围环境和清洁物品造成污染；再经煮沸或高压蒸汽灭菌后才能清洗。

（9）若不慎发生微生物培养物摔碎或其他实验微生物泄漏事故时，不论是否具有致病性，均应立即对污染及可能波及的区域进行消毒处理。

（10）全部实验结束后，应按常规对无菌室及超净工作台表面进行消毒处理。

附录5　超净工作台的使用管理

（1）每次使用超净工作台时，实验人员应先开启超净工作台紫外灯，照射15～20min。

（2）开启超净工作台照明灯，打开风机，关闭紫外灯，并用75%酒精或0.5%氧乙酸擦拭工作台面。

（3）整个实验过程中，实验人员应按照无菌操作进行。

（4）实验结束后，用75%酒精或0.5%过氧乙酸擦拭工作台面，关闭照明灯，开启紫外灯照射15min。

（5）实验人员应保持超净工作台的整洁。

参 考 文 献

[1] 朱本伟，宁利敏．海洋酶工程[M]．北京：中国石化出版社，2020.
[2] 贾坤同．海洋微生物学实验[M]．广州：中山大学出版社，2019.
[3] 袁丽红．微生物学实验[M]．北京：化学工业出版社，2009.
[4] 王祥红．微生物与海洋微生物学实验[M]．青岛：中国海洋大学出版社，2011.
[5] 张晓华．海洋微生物学[M].2版．北京：科学出版社，2018.
[6] 周德庆．微生物学实验教程[M]．北京：高等教育出版社，2006.
[7] 刘志恒．现代微生物学[M]．北京：科学出版社，2002.
[8] 谢建平．图解微生物实验指南[M]．北京：科学出版社，2012.
[9] 蔡信之，黄君红．微生物学实验[M]．北京：科学出版社，2010.
[10] 魏景超．真菌鉴定手册[M]．上海：科学技术出版社，1979.